本书受国家社会科学基金资助（项目批准号：18BGL198）

数字时代企业转型升级和绿色管理丛书

我国职工职业伤害风险水平及安全管理升级研究

刘辉　周慧文◎著

图书在版编目（CIP）数据

我国职工职业伤害风险水平及安全管理升级研究/刘辉，周慧文著．—北京：经济管理出版社，2023.5

ISBN 978-7-5096-9044-4

Ⅰ.①我… Ⅱ.①刘… ②周… Ⅲ.①劳动保护—安全管理—研究—中国 Ⅳ.①X92

中国国家版本馆 CIP 数据核字(2023)第 093969 号

责任编辑：张莉琼
助理编辑：李光萌
责任印制：许　艳
责任校对：蔡晓臻

出版发行：经济管理出版社
（北京市海淀区北蜂窝 8 号中雅大厦 A 座 11 层　100038）
网　　址：www. E-mp. com. cn
电　　话：（010）51915602
印　　刷：唐山玺诚印务有限公司
经　　销：新华书店
开　　本：720mm×1000mm/16
印　　张：12. 5
字　　数：240 千字
版　　次：2023 年 6 月第 1 版　　2023 年 6 月第 1 次印刷
书　　号：ISBN 978-7-5096-9044-4
定　　价：78. 00 元

前　言

为推动建立和健全我国职业伤害统计数据体系，本书借鉴国际经验，主要利用历年的《中国劳动统计年鉴》中工伤保险统计数据，进行了系统性的科学整理分析，尝试建立较为全面的我国职业伤害统计数据体系（以下简称“工伤保险数据”），作为研究我国及各地区工伤工亡亟须的基础数据。

基于工伤保险理论、统计科学原理、海因里希安全法则和安全生产管理等理论，运用了国际比较研究、泰尔指数、面板回归、面板门槛回归、多项有序回归分析和典型地区调查等方法，本书主要从五个方面展开了研究：一是基于工伤保险数据，对我国职业伤害率进行了厘定分析与国际比较；二是我国职业伤害率分布及风险水平研究；三是我国职业伤害风险影响因素面板数据分析；四是我国职业伤害率波动趋势的面板门槛效应研究；五是样本地区 A 市 1200 万参保人员统计数据的调查与验证。

通过研究得出六条基本结论：第一，在国际劳工组织等推动下，较多国家或地区依照规范进行了数据收集、整理和报告。从各国或地区实践来看，工伤保险数据是较受认同的主要数据来源。第二，在过去的几十年里，很多国家或地区的相关统计都出现了系统性的低估，专家在不断探索用有效的方法来更准确地评估职业伤害的真实情况。第三，当前我国工伤和职业病数据的收集和报告还存在体制不顺的障碍，缺少系统的职业轻伤、重伤和死亡统计数据；中国工伤保险制度数据具有较高的可靠性，整理统计的工亡率具有较好的准确性。第四，我国已经进入人均 GDP 达 1 万美元的经济发展阶段，总体职业伤害率呈下降趋势，但总体还偏高，离国际先进水平还有较大差距。第五，在我国城镇化进程中，城镇化水平、经济发展水平都对工亡率和整体职业伤害风险水平产生影响，并且这种影响存在门槛效应。第六，对样本地区 A 市进行了深入调研，初步对照验证了对全国的研究结果。

本书的创新程度和突出特色：一是国内率先尝试利用专业年鉴中的工伤保险数据资源，探索性测算我国各省份综合职业伤害风险水平；二是提出职业伤害风险影响因素及伤害等级排列的逻辑分析思路；三是试图建立我国职业伤害风险水平演化趋势宏观分析模型，探讨未来变化趋势。

本书在实践上面向重大公共关切和经济社会“主战场”，具有较鲜明的需求导向和问题导向特征，有助于促进解决我国较为严重的职业伤害风险偏大的问题；在理论上具有较鲜明的引领性和较好的探索性，形成对标职业伤害风险防控的国际先进水准，加快实现防控决策从经验驱动到数据量化驱动的转变。

目　录

第一章　绪　论

第一节　研究背景

一、职业伤害是全球需要积极应对的重大经济社会问题

职业伤害是当今世界最重要的职业问题之一。世界各国正在为职业伤害造成的痛苦、疾病和生产损失付出巨大的人力、社会和经济代价。尤其在许多发展中国家，工作条件恶劣且缺乏有效的工伤预防措施，导致职业病和工伤事故发生率居高不下。

2014年，国际劳工组织（ILO）总干事盖伊·赖德（Guy Ryder）在第二十届世界工作安全与健康大会（World Congress on Safety and Health at Work）上指出，每年工作造成的受害者比战争造成的受害者还要多。每15秒就有1名工人死于工伤或职业病，160名工人遭受工伤事故。工伤和职业病的统计数字是惊人的，不幸的是，此数字还在不断增加。2017年，全世界致命职业事故和疾病的估计数从2014年的约230万人增加到约278万人。此外，国际劳工组织2017年公布，全球还有近3.74亿非致命性（4天以上缺勤的）工伤和职业病人员。随之而来的是数额巨大的财政负担，职业病、工伤和工亡的成本加起来占全球GDP的3.94%，大约2.99万亿美元。

据国际劳工组织2018年的数据，国家或地区之间的十万人工亡率（以下简称“工亡率”）差别较大，其中印度为116.8（2007年）、巴西为7.4（2011年）、埃及为11.2（2014年）、德国仅为1.8（2010年）。其中，发达国家因较好的预防措

施和工业化进程等原因，职业伤害的人员数量在减少，美国 2018 年工亡率为 5.2，工伤率为 900（美国劳工部的数据）。欧盟统计局 2009 年公布，每年有近 4000 人死于与工作有关的疾病事故和近 400 万人遭受到严重事故（损失工时三天或三天以上）。

国际劳工组织的目标是使全世界都认识到与工作有关的事故、伤害和疾病的规模和后果，并将所有工人的健康和安全问题列入国际议程，以促进和支持各级的实际行动。各国或地区应努力通过确保所有工作场所的安全来消除这一损失。

二、职业伤害风险管理需要科学的数据统计分析支持

尽管各国或地区已有很多让人警醒的职业伤害统计数据，但越来越多的研究表明，这些统计数据可能大大低估了非致命性职业伤害的发生频率（Lowery et al.，1998；Leigh et al.，2004）。职业伤害统计对于评估工人在多大程度上可以免受与工作有关的危害和风险至关重要（Hämäläinen et al.，2006；Rosenman et al.，2006）。在这方面，鉴于劳动监察是监测职业安全的主要机制之一，职业伤害指标是对劳动监察指标的重要补充（Probst et al.，2008；Probst and Graso，2013）。劳动监察统计数字在制定国家劳动监察政策、制度、方案和战略等方面发挥着重要作用，为此一些国家或地区建立起了具有标准化数据收集、数据分析和结果公告机制的劳动监察体系。劳动监察统计数字使各国或地区政府能够观察劳动力市场的趋势，并更好地分析合规问题（Probst et al.，2013；Petitta et al.，2017）。

但从全球范围看，由于缺乏良好的登记和报告制度，一些国家或地区尤其是发展中国家的职业事故没有准确的统计数字。尽管前述工伤和职业病数量如此巨大，越来越多的研究表明，这些数字可能严重低估了职业伤害的真实程度（Cordeiro et al.，2005；Probst et al.，2008），导致对职业伤害问题的规模和趋势的误判，监测健康和安全的效果不理想，工伤数据信息缺乏或者报道不够充分是比较常见的现象，它极大地阻碍了工伤预防工作的开展（Wergeland et al.，2010；Palali et al.，2017）。

由于缺乏准确的职业伤害数据信息，如何填补这些缺失值成为近些年专家学者研究的一个重点领域，总结起来一般无非两种途径：一种做法是对这些缺失值进行估计，通常是用与该国或地区有相近经济结构、生产方式和工作文化且报道工伤数据比较完善的几个国家或地区的平均值进行替代。另外，在所有伤害统计数据中，最完整的是工亡数据，由于工亡数与轻重伤数之间存在一定的关系，于是工亡数据也成为各国或地区估计轻重伤害数的基础（Takala et al.，2012）。另

一种更为通行的做法是找寻替代数据。学者纷纷尝试采用工伤保险数据作为替代数据对职业伤害问题的规模和趋势进行预测和评估（Ramin et al.，2014）。

三、我国的职业伤害统计数据的准确性

1. 最基本的问题：中国的工亡率到底是多少

国际劳工组织定期发布 114 个国家和地区的职业伤害数据。出乎意外的是，2008 年至今，中国数据均是空白，而很多国家以及地区的统计数据都比较全面和连续。国际职业卫生委员会（ICOH）2019 年发布的中国工亡率为 13.4。生命安全是各国或地区都非常关注的社会经济重大问题，工亡率是公共管理和安全生产的重要绩效指标，国际上通常用工矿商贸十万人工亡率来统一定义。

在国内，2001 年以后历年的《中国安全生产年鉴》和其他统计年鉴中没有中国工亡率数据，只是在国家统计局历年的国民经济和社会发展统计公报中报告了全国工亡率数据，但省份及基层工亡率统计数据仍缺乏。本书利用历年《中国劳动统计年鉴》中的工伤保险数据，根据工伤保险制度及其相关规定的原理，对数据进行了系统的专业性加工整理，其中，将工伤保险中每年的工亡人数除以参保人数，测算得到当年全国工亡率指标（见图 1-1）。同时，也对其他职业伤害数据进行了系列整理，得到相应的伤害率统计数据系列，从而形成了本书赖以支持的统计数据体系，即基于我国工伤保险数据的职业伤害统计数据体系。

两个系列的全国工亡率指标差距很大，如 2018 年国家统计局的数据为 1.55，而工伤保险数据则为 10.50。按照前一系列数据进行的绩效考核，会让相关管理部门进入盲目乐观和管理松弛的状态；然而如果看后一系列数据，让人感觉到目前问题还是相当严峻的。

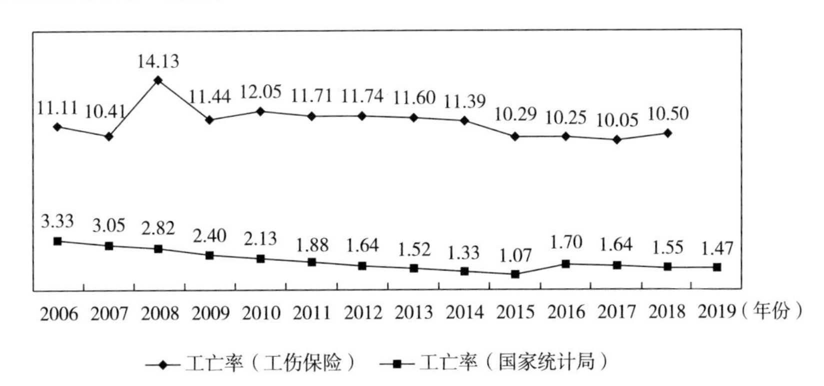

图 1-1 两种数据来源的全国历年工亡率对比

资料来源：笔者整理。

2. 中国职业伤害风险两大统计系列比较

比较国家统计局和工伤保险体系数据（公开出版在历年的《中国劳动统计年鉴》，因属全国工伤保险机构上报，整理后得到的指标数据，在本书中根据来源称其为工伤保险数据）的两种统计数据系列，前者只有每年全国的工亡率这个单一数据，没有各省份的工亡率和其他职业伤害数据；后者则具有从国家到地方工伤保险的全面职业伤害数据，可得到全国和各地区的工亡数据和工伤一至十级的统计数据。

更需要指出的是，两种统计数据所表明的全国工亡率差距也非常大，说明至少有一种错误非常严重，远不是统计合理误差所能解释的。那么，哪种职业伤害（包括工亡率）更为准确呢？可以从以下四个方面进行探讨：

第一，国家统计局统计方法和过程存疑，其分母的统计范围明显大于分子的统计范围。国家安全生产专家组成员刘铁民（曾任中国安全生产科学研究院院长）指出，由于政府机构改革后原始数据来源已发生重要的变化，分子的数据来源于应急管理部（原国家安全生产监督管理总局），分母的数据来源于国家统计局，但两部门却采用了完全不同的统计口径划分方法。前者没有包括所有的职业性伤亡事故，如没有将火灾、道路交通、水上交通、铁路交通、民航、农业机械、渔业船舶等领域中职业伤亡人员统计在内；后者却将第二和第三产业职工全部统计在内，结果导致中国的工亡率数据低得不正常。在近些年还有一个不容忽视的问题是，出于逃避或减少法律责任和管理责任的原因，无论是涉事企业还是所在地方政府都有较严重的故意少报、漏报的倾向，极可能压低了工亡率数据。

第二，采用工伤保险数据符合国际惯例，很多国家都在公共管理中将其作为重要数据来源，或是专门采用这一数据体系，或是与其他来源数据进行参照对比和分析。根据国际劳工组织的信息（见表 1-1），各国（地区）工亡率数据来源是多样化的，有保险机构、政府部门、雇主组织、普查统计等。其中，保险业记录是排名第一的数据来源，占比达到 36.8%；劳动监察记录是最重要的政府数据来源，占比达 23.7%；其他行政管理记录及相关来源占 18.4%，机构调查占 10.5%，经济或机构普查占 3.5%，官方估计占 2.6%。

表 1-1 各国（地区）职业伤害统计数据来源分类

数据来源	国家（地区）	占比（%）
保险业记录（Insurance Records）	42	36.8
劳动监察记录（Labour Inspectorate Records）	27	23.7

续表

数据来源	国家（地区）	占比（%）
其他行政管理记录及相关来源（Other Administrative Records and Related Sources）	21	18.4
机构调查（Establishment Survey）	12	10.5
经济或机构普查（Economic or Establishment Census）	4	3.5
官方估计（Official Estimate）	3	2.6
机构或商业登记（Establishment or Business Register）	2	1.8
雇主组织记录（Records of Employers' Organizations）	1	0.9
其他官方来源（Other Official Source）	1	0.9
劳动力调查（Labour Force Survey）	1	0.9
总计（Total）	114	100

资料来源：依据 ILO 原始资料整理。

第三，通过国际比较来看，工伤保险得到的工亡率数据较符合中国属于发展中国家的实际。根据国际劳工组织最新的十万人工亡率统计，金砖国家中中国和南非是空缺，印度 116.8（2007 年）、巴西 7.4（2011 年）、俄罗斯 6（2015 年）；部分人口较多的国家中，埃及 11.2（2014 年）、墨西哥 7.7（2016 年）、菲律宾 6.4（2013 年）、泰国 6.8（2014 年）、土耳其 10.5（2016 年）；在主要发达国家中，德国 1.6（2015 年）、澳大利亚 1.7（2015 年）、加拿大 2（2014 年）、法国 3（2013 年）、意大利 3.2（2011 年）、荷兰 0.7（2011 年）、英国 0.4（2015 年）、瑞典 1（2016 年）；美国为 3.5（2017 年美国劳工部的数据）。总体上，发达国家的工亡率较发展中国家明显低些。这些对判断我国工亡率真实水平所处在的统计区间有重要参考价值。另外，根据国际职业卫生委员会（ICOH）2019 年发布的工亡率，中国 13.4、印度 103.9、南非 27.8、俄罗斯 6.6、美国 3.94、欧洲 28 国 1.54。

第四，通过重大典型事件检验。2008 年 5 月 12 日 14 时 28 分（星期一工作时间），四川汶川发生严重地震，共造成 69227 人死亡，17923 人失踪。该年度四川省工伤保险统计的工亡率急剧上升，也影响到全国工伤保险的工亡率跳动上升（见图 1-1）。同年，国家统计局披露的工亡率却仍然保持平稳下降态势。通过这一关键事件进行统计可靠性检验，可较好地说明哪种工亡率统计数据更为科学。

两者比较而言，我们可基本确认工伤保险测算的工亡率相对更为科学和公允，有着重要的科学研究价值。本书据此产生的前期相关探索性研究成果更早发表在《中国安全科学学报》，近年来相继发表在《中国劳动》《中国公共安全》和《中国安全生产科学技术》等专业核心期刊，尝试使用工伤保险统计的工亡率进行研究，已在国内学术界有较大反响，同时开始在国际期刊发表论文。这就构成了本书的重要专业数据支撑和研究基础，有利于突破长期以来的职业伤害管理问题研究瓶颈，为后续深入展开研究和有效地应对职业伤害问题打下了有力的基础。

鉴于国内安全生产和统计部门职业伤害数据不够全面和准确的情况，本书主要利用历年的《中国劳动统计年鉴》中工伤保险数据，进行了系统性科学整理分析，尝试建立了较为全面的我国职业伤害统计数据体系（以下简称“工伤保险数据”），作为研究我国及各地区工伤工亡亟须的基础数据，为研究我国职业伤害特征及发展趋势提供了重要的数据支撑。

第二节 研究意义与研究目标

一、研究意义

职业伤害具有独特的行业和职业分布、人群分布等特征。职业伤害的性质具有多样性，工伤的发生往往与多种因素有关，职业伤害是可预防的。职业伤害的严重性在于它常常涉及年轻人，造成的死亡和长期伤残是全部人口中最具有劳动力的那一部分人。从公共卫生、职业健康和职业安全的角度来说，职业伤害造成的严重后果应使其成为职业安全预防政策中值得优先重视的问题。人民生命安全是天大的事，职业伤害风险管理是我国经济社会发展中的全局性和战略性的重大现实问题，科学的职业伤害风险研究是有效管理必不可少的基础工作。

然而，在我国职业伤害问题受到普遍的忌讳，难以得到全面的数据统计和情况报告，错误低报职业伤害率无疑会成为官僚主义敷衍塞责的借口，削弱了社会治理能力，严重影响了政府在国内和国际的公信力，也造成职业伤亡问题被明显忽视，极大地妨碍了公共安全和社会保障的进步。本书意义具体体现在两个方面：

第一，在理论上具有较鲜明的引领性和较好的探索性，实现防控职业伤害风险决策从经验驱动到数据量化驱动的转变，增强职工安全管理的针对性与有效性。质疑现有统计数据系列的系统性积弊，验证我国工伤保险数据的科学性和可

靠性，促进建立符合我国国情的数据统计体系，拓展我国职业伤害风险水平研究空间，突破原有理论研究受困的基础数据局限；探索建立重要的全国及各地方职业伤害风险水平参照体系，揭示职业伤害风险的发生机理，分析风险水平变化规律与趋势；形成国际比较研究的基础，提升专业研究的国际视野。这有利于构建适合中国国情的职业伤害风险管理理论体系。

第二，在实践上面向重大公共关切和经济社会主战场，具有较鲜明的需求导向和问题导向特征，促进解决我国较为严重的职业伤害风险偏大的问题。推动科学厘定我国的职业伤害统计方法和数据，深入开发利用我国工伤保险数据，建立符合国际惯例的统计标准；深入探讨职业伤害发生的规律，为健全我国职业伤害风险防控体系提供有力的专业支撑，对推进国家公共治理体系和治理能力现代化，具有根本性、全局性、长远性的积极影响。如果能采用我们建议的基于工伤保险的职业伤害率指标，将从根本上推翻原有的较为乐观的基本情况判断，促使各级政府面对严峻的职业伤害风险预警，积极采取有力的措施，大力解决我国较为严重的职业伤害风险偏大的问题。

二、研究目标

第一，基于统计科学原理和借鉴国际经验，经过揭示现有官方相关统计体系的不足，尝试基于工伤保险数据建立更为准确和科学的职业伤害率统计体系。拟从我国工伤保险体系中挖掘出较为全面的职业伤害数据信息，建立国家和省份级职业伤害率基础数据体系，揭示职业伤害风险水平状况，推动我国职业伤害统计水平向国际标准看齐。

第二，揭示我国职业伤害风险的衍生机理、分布特征和影响因素，推动建立适合中国国情的理论研究范式。在国内外比较研究的基础上，评估我国职业伤害风险基本状况及其总体特征，估测相对合理的分布区间及各类伤亡正常比例范围，方便各地管理部门因地制宜选择合适的管理对策，为我国宏观管理提供较好的决策支持参考。

第三，建立我国职业伤害风险水平波动趋势宏观分析模型，实现防控职业伤害风险决策从经验驱动到数据量化驱动的转变；增强安全管理的针对性与有效性，进行前瞻性对策研究；为事故预防与应急管理提供理论依据，改善工伤保险体系基础环境，促进改善我国的公共安全和公共卫生管理。我国经济整体不断发展，已跨入中等收入国家行列，各地经济水平和工业化进程都在不断进步之中，但相互之间情况又有所不同，引进门槛效应研究可对我国整体及各地未来相关情况进行富有前瞻性的预判。

第三节 研究内容与研究框架

一、研究内容及研究步骤

拟通过梳理国外工伤及职业病事故统计的现状与存在的问题，分析在工伤统计数据薄弱情况下各个国家或地区的典型做法——估计与替代。估计是用具备较为完善的职业伤害监测体系的国家（地区）的数据推断同类国家（地区）的职业伤害水平；替代是用工伤保险数据替代工伤和职业病的监测体系数据来进行相关的数据分析研究工作。后者正是本书主要借鉴的做法，即用我国的工伤保险系列数据代替职业安全数据作为基础数据进行研究，在宏观上揭示工伤事故发生与经济等相关因素之间的关系，微观上揭示部分地方的工伤事故发生规律。

首先分析安全部门工伤和职业病监测体系的数据不充足的现状下，各国或地区的创新做法，并分析与其他途径（包括社保部门、商业保险公司等）获得的工伤和职业病数据的比较情况、替代数据的研究方法及社保部门数据不足时可能的做法，并将国外的做法借鉴应用到中国的实践中。

其次国外用工伤保险数据作为替代数据的研究已经非常成熟完善，数据的来源呈现多途径，有用国家或地方安全生产部门数据、医疗卫生部门登记报告的，也有用工矿企业工伤登记报告的。我国一般多采用流行病学的方法。国家或地方工伤保险数据可以揭示全国或全地区工作有关的伤害和死亡的种类发生率、分布特征等，尤其是死亡资料提供的信息比较完整和可靠，通过描述和比较工伤事故的发生率和死亡率的分布特征，识别高危人群和高危行业，为进一步研究工伤的原因和危险因素提供了非常专业客观的线索。

本书拟以国家或地方工伤保险数据为数据来源，以职业伤害数据为重点分析对象进行研究，拟用公开数据与内部数据相结合进行分析。公开数据用于宏观统计的研究，内部数据用于部分地区的案例分析。研究方法、理论、数据及研究步骤如图 1-2 所示。

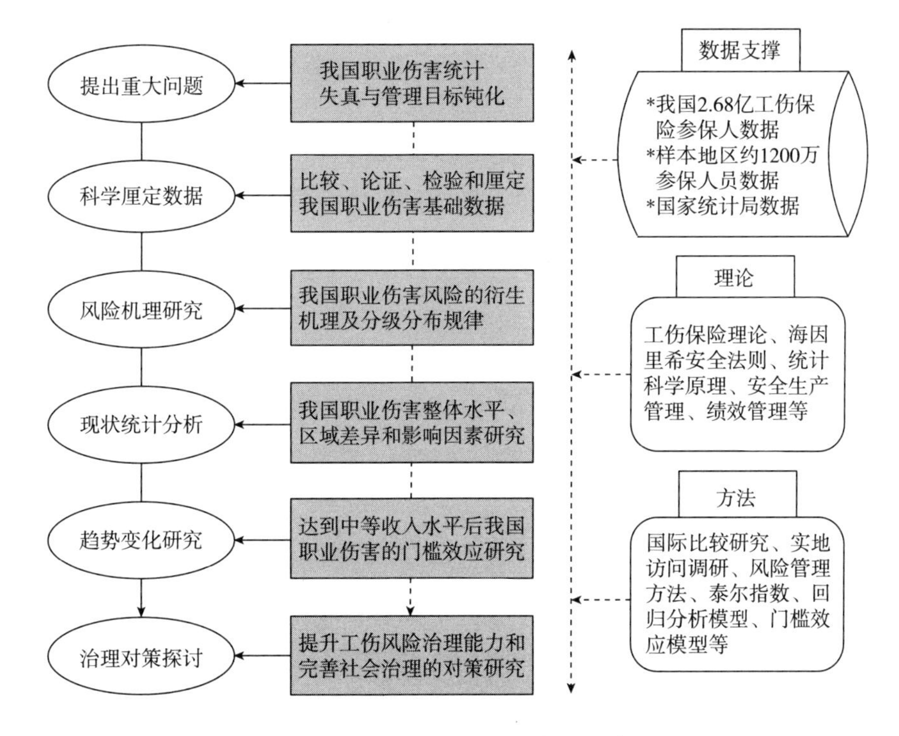

图 1-2 研究方法、理论、数据及步骤

资料来源：笔者整理。

面对我国职业伤害这一重大问题，尝试利用工伤保险系统积累下的数据，初步形成较为完整的研究思路，按照提出重大问题、科学厘定数据、风险机理研究、宏观统计分析、趋势变化研究和治理对策探讨六大研究步骤，逐层递进，深入推进研究。具体来说，本书大致按以下五个专题展开：

专题一 基于工伤保险数据的我国职业伤害率统计：厘定分析与国际比较

基于国际视角和统计原理的职业伤害率统计与厘定。只有确保较为准确的职业伤害率统计，才能更好地掌握客观的安全状况，针对性地采取管理对策，达到有效管理工亡风险的目的。综合分析国内外相关研究文献，从四个方面比较和论证，证实我国工伤保险数据比目前国家统计局数据更为科学：一是通过国际比较来看，工伤保险数据测算的职业伤害率较符合中国属于发展中国家的国情；二是采用工伤保险数据作为数据来源符合国际惯例；三是国家统计局职业伤害率统计方法和过程被国内权威专家质疑，国际劳工组织和世界卫生组织都没有采用；四是利用重大典型事件检验，四川汶川大地震对两种统计的影响比较，分析统计的灵敏性和准确性。

我国职业伤害率的全面测评与研究。基于我国工伤保险的全国和分省份数据，对全国及各省份历年工亡数据进行整理，尝试建立我国工亡风险水平的基本统计系列，初步分析历年变化趋势，比较各省份当前职业伤害率水平，进行统计和比较分析，观察多年的排位变化。

我国职业伤害率的国际比较研究。从工亡水平角度进行国际比较研究，利用国际劳工组织的统计数据，进行发达国家和发展中国家的工亡风险情况对比分析。通过分析，确认中国目前的职业伤害率还是属于发展中国家。重点是与国际上工亡水平较低的先进国家进行比较研究，发现问题和差距。

专题二　基于泰尔指数的我国职业伤害率分布研究

泰尔指数可用于展示长期以来我国及各省份职业伤害率及其变化趋势。尝试运用泰尔指数来揭示各地职业伤害率的动态差异，深入挖掘内在演变规律。参考 Bourguignon（1979）和 Shorrocks（1980）对泰尔指数及其结构分解的方法论述，选择泰尔指数来衡量职业伤害率的区域差异。首先，进行全国职业伤害率总体差异测算及结果分析。测算全国 31 个省份（不包括香港、澳门、台湾数据）的职业伤害率总体泰尔指数，可观察到全国职业伤害率泰尔指数演变趋势。其次，测算职业伤害率的东部、中部、西部区域内和区域间的泰尔指数及其泰尔指数贡献率，可分别观测到东部、中部、西部职业伤害率泰尔指数演变趋势，区域职业伤害率泰尔指数演变趋势，按东部、中部、西部划分的职业伤害率泰尔指数贡献率。应根据各地情况，针对性地制定办法和措施，减少运动式的粗放管理，更强调管理的科学化、精细化、长期化，减少职业伤害率波动与差异变化。在设定各类管控职业伤害率指标时要有新的思路，可选择更高水平的国际对标体系，注重追求管理质量上的改进。

专题三　我国职业伤害风险影响因素面板数据分析

基于海因里希安全法则和系统模型理论，研究全国各地职业伤害的宏观影响因素，主要考虑的宏观影响因素有经济发展水平、城镇化水平、产业结构、受教育水平、失业率等，提出基本研究假设和研究逻辑分析图，分别选取工亡率和职业伤害水平作为因变量，选取失业率（Unemploy）、第二产业占比（Prosecindem）、人均 GDP（lnGDP）、GDP 增长率（GDP Growthrate）和受教育程度（Edu）作为自变量，构建相应的面板回归分析模型，数据来源于工伤保险分省年度面板数据。

专题四　我国职业伤害率波动趋势的面板门槛效应研究

城镇化进程和经济发展水平对职业伤害风险水平（工亡率水平）有重要影

响，职业伤害风险水平（工亡率水平）在不同城镇化进程中具有非线性变化趋势。根据相关理论、国际经验和样本地区的分析，考虑到我国已成为中等收入国家，拟重点研究我国不同城镇化水平下，人均 GDP 水平、GDP 增长率对职业伤害风险水平（工亡率水平）的影响作用，对全国以及各省份职业伤害风险水平（工亡率水平）趋势进行分析与预测评估。提出基本假设：宏观因素对我国各地职业伤害率有显著正（负）向影响；城镇化水平影响在我国宏观因素与职业伤害率之间的关系，存在门槛效应。运用 31 个省份历年工伤保险统计数据，基于 Hansen 提出的面板门槛数据模型，建立计量方程对存在的非线性关系进行估计，进而对我国整体职业伤害风险水平（工亡率水平）分布情况进行分析和预测。

构建门槛面板模型，控制变量包括受教育水平、失业率、二产占比等。由 F 检验和 Hausman 检验确定模型形式，进行估计检验并计算相应的门槛值，确定相应的置信区间，两种门槛变量分析呈现各自不同的影响方向和影响程度，可为经济发展水平和城镇化水平制衡影响职业伤害率的路径和作用机制提供经验证据，而且门槛回归结果更能反映真实情况，能够更好地解释宏观因素与职业伤害率之间的关系。这对研判我国或各个省份所面临的工亡风险变化趋势有着非常积极的意义。结论将有助于我国有效地应对经济增长方式粗放带来的工亡风险，加快转型升级，进入高质量低职业伤亡风险的经济发展新阶段。

专题五 样本地区调查与验证

进行实地数据核实，已收集了某样本地级市 A 市数据，该市工伤保险接近全员参保，有约 1200 万参保人员，数据可用于进行验证性分析。职业伤害基础统计数据较为齐备和翔实，分为人员信息、企业信息、登记信息（认定业务类别、伤害程度、伤害部位、工伤类别、事故类别、事故发生时间、职工死亡时间、事故发生地点、非法用工类型）、受理信息和认定结论信息几大类。由于该市基本是职工全员参保，其职业伤害率具有很好的可信度，可用于对相关统计数据的验证。

二、研究框架及逻辑思路

本书已经形成较为完整的研究思路框架，研究设计有充分理论和现实依据。首先，基于国际理论与方法研究，挖掘整合我国工伤保险数据，构建各省份职业伤害风险水平指标体系，并比较研究分析；其次，基于伤害流行病学理论、海因里希法则等理论方法，运用工伤保险提供的面板数据，对我国职业伤害风险水平的影响因素进行分析；再次，分析我国经济发展水平和城镇化水平对职业伤害风险水平的门槛效应；最后，根据分析结果针对性地进行讨论，提出若干政策建议（见图 1-3）。

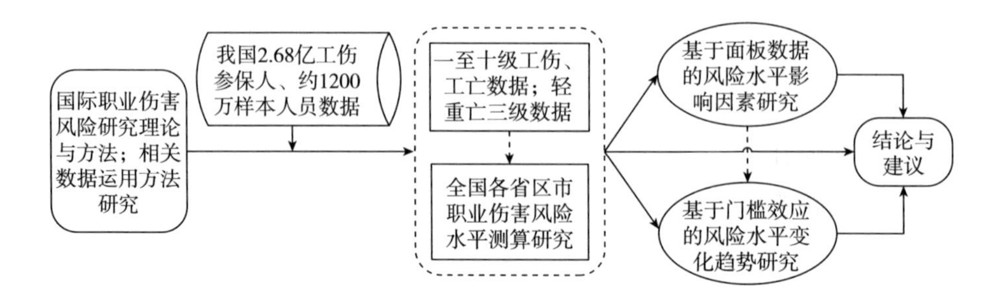

图 1-3　研究的逻辑思路

资料来源：笔者整理。

第四节　研究创新与重点难点

一、研究创新

由于缺乏数据支持，之前难以进行我国及各省份综合职业伤害风险水平的计算与分析评估，本书的创新具体体现在四个方面：

第一，国内率先尝试全面开发利用工伤保险数据资源，探索性测算我国各省份综合职业伤害风险水平。目前，由于受数据不可充分获得的限制，国内相关研究主要依据局部的工亡率进行，没有将各类伤害数据合并进行综合计算，缺乏对我国各地职业伤害风险基本情况的分析，本书拟首次形成全国分省份基础数据体系，有利于进行国内外比较研究，为宏观管理提供重要的数据支持。

第二，提出职业伤害风险影响因素及伤害等级排列的逻辑分析思路。在理论上对海因里希法则进行系统应用与验证研究，用面板数据回归进行分析论证出梯度影响方式，丰富海因里希经验法则原有内涵。利用各类伤害的分级系列数据，通过系列回归分析发现影响因素的基本传导影响关系，即通过内外部因素直接导致轻伤发生、轻伤导致重伤发生、重伤则会导致工亡发生。

第三，试图建立我国职业伤害风险水平演化趋势宏观分析模型，探讨未来变

化趋势。初步研究发现，在我国人均 GDP 增长过程中，部分省份风险水平已出现下降趋势，反映出较鲜明的中国特色（比国际上约 1 万美元要明显低些），值得在理论研究和管理实践上高度重视。结合我国工业化进程和经济发展水平进行具体的分析，使研究结论更为科学量化、建议更具针对性和可操作性。

第四，对国外用工伤保险数据进行职业伤害发生率研究等相关专题研究资料进行翻译和梳理。发现国外相关研究系统全面，专家学者进行了长期的探索研究，从各个角度对工伤保险数据的适用性和不足进行了研究，成果巨大。在我国安全统计数据缺乏的情况下，值得我国借鉴与尝试做相应研究，对于掌握我国安全事故发生率会有很好的参考佐证价值，对于预测事故发生率有一定的科学基础。

二、重点难点

关键指标确定：将工伤保险中每年的工亡人数除以参保人数，测算得到当年全国工亡率指标。根据《劳动能力鉴定职工工伤与职业病致残等级》（GB/T 16180—2006），参考了世界卫生组织有关“损害、功能障碍与残疾”的国际分类，伤残程度分成一至十级。将五至十级工伤合并起来作为轻伤、一至四级工伤合并统计为重伤，除以对应年份的参保人数，可分别统计出轻伤率和重伤率。

基于事故灯塔法则，揭示我国职业风险分布规律：发现我国工亡数与非致命性工伤数的比例在 2018 年为 1∶23.51。从 2008 年开始我国的这个比例稳定在 1∶24 左右。经过与国外情况的比较，可以说无论是国内总比例还是省份比例，都明显偏高，不尽合理，应该引起各级管理层警觉。初步分析背后的原因：一部分原因可能是国内工伤保险统计对小微事故常常忽视掉，减少事务性麻烦，没有统计在内；另一部分原因可能是目前职业安全管理还处在较粗放的阶段。

研究职业伤害风险水平在不同经济发展水平和不同城镇化进程中的非线性变化趋势：拟以城镇化水平作为门槛变量，考察我国各省份职业伤害风险水平的变化规律，由 F 检验和 Hausman 检验确定模型形式，进行估计检验并计算相应的门槛值，确定相应的置信区间，这对研判我国未来面临的职业伤害风险变化趋势有着非常积极的意义。

第二章　理论基础与文献综述

第一节　概念界定

一、工伤和职业伤害

工伤，亦称职业伤害（Occupational Injuries），是指劳动者在生产劳动过程中所发生的或与之相关的人身伤害，包括事故伤害和职业病以及因这两种情况所造成的死亡。一些国家或地区规定，上下班途中交通事故所造成的伤亡，也属于工伤。工伤的构成包括四个要件，即职工与用人单位存在劳动关系、职工遭受了人身伤害、职工在工作过程中发生人身伤害、职工遭受的伤害与事故之间存在因果关系。

1. 国际上关于“工伤”的定义

1921 年国际劳工大会通过的公约中对“工伤”定义是“由于工作直接或间接引起的事故为工伤”。1964 年又补充规定：工伤补偿应将职业病和上下班交通事故包括在内。

第 13 次国际劳动统计会议所使用的定义：雇佣事故指由雇佣引起或在雇佣过程中发生的事故（工业事故和上下班事故）。雇佣伤害指由雇佣事故导致的所有伤害和所有职业病。许多国家在法律中规定的职业事故定义是“工作时或工作本身所产生的事故”。美国国家标准《记录与测定工作伤害经历的方法》中，将“工作伤害”定义为“任何由工作引起并在工作过程中发生的（人受到的）伤害或职业病，即由工作活动或工作环境导致的伤害或职业病”。

2. 我国关于“工伤”的定义

我国人力资源和社会保障部有关工伤保险的专业文件中指出，狭义上，工伤事故应指适用《工伤保险条例》的所有用人单位的职工在工作过程中发生的人身伤害和急性中毒事故，其本质特征是由于工作原因直接或间接造成的伤害和急性中毒事故。广义的工伤定义是因工作造成的意外伤害或职业病。根据《工伤保险条例》的基本精神，我国工伤事故赔偿中所指的工伤事故采用的是广义，既包括一般伤害事故和急性中毒，又包括罹患职业病。在部分特定的情况下，即虽然不符合工伤理论的构成要件，但基于主体的特殊性、任务的特殊性等特殊原因，在保护弱者和公共利益的指导下，《工伤保险条例》仍将其认定为工伤的情形。

二、职业病

与工作有关的疾病称为职业病。以与工作环境有关的慢性病为特征。在定义这类情况时，各国或地区可能会选择使用开放系统、封闭系统（将职业病逐一列表）或两者兼而有之的混合系统。开放系统下的疾病是根据具体情况确定的，而封闭系统列出的职业病名单必须符合基于流行病学审查或专家提出的其他医学证据的具体标准。

职业病通常具有潜伏期较长的症状，不是由接触与就业有关的因素引起的瞬时事件。这一特点使它们区别于工伤。一般来说，损害职工健康的疾病，可能是由职业引起的疾病；可能是由于工作环境或工作条件而使发病率增高的疾病；同时也可能是某些与工作无关的疾病。职业病的范围也在不断调整之中，受到社会发展水平、产业发展水平、经济状况、医疗技术条件等因素影响。

我国《职业病范围和职业病患者处理办法的规定》中，职业病的定义为“职业病系指劳动者在生产劳动及其他职业活动中，接触职业性有害因素引起的疾病”。

三、职业伤害风险

职业伤害风险就是因人们所从事的职业或职业环境中所特有的危险性、潜在危险因素、有害因素及人的不安全行为所造成的伤害风险。职业伤害风险包括两个方面：①职业意外事故，即在职业活动中所发生的一种不可预期的偶发事故。②职业病，即在生产劳动及其他职业活动中接触职业性有害因素引起的疾病。职业病与职业危害因素有直接联系，并且具有因果关系和某些规律性。

职业伤害风险分级，即将生产中发生事故的危险程度和承受职业危害程度分级，分等划级，以便明确重点，从而分清轻重缓急。职业伤害风险按危险的性质及可能造成的后果的严重程度，可以进行危险分等划级。我国工伤保险中，就将除工亡之外的非死亡伤害划分为一至十级。

劳动能力鉴定委员会根据《劳动能力鉴定——职工工伤与职业病致残等级》规定作出劳动能力鉴定。工伤等级分级原则为：

十级：器官部分缺损，形态异常，无功能障碍或轻度功能障碍，无医疗依赖或存在一般医疗依赖，无生活自理障碍。

九级：器官部分缺损，形态异常，轻度功能障碍，无医疗依赖或存在一般医疗依赖，无生活自理障碍。

八级：器官部分缺损，形态异常，轻度功能障碍，存在一般医疗依赖，无生活自理障碍。

七级：器官大部缺损或畸形，有轻度功能障碍或并发症，存在一般医疗依赖，无生活自理障碍。

六级：器官大部缺损或明显畸形，有中等功能障碍或并发症，存在一般医疗依赖，无生活自理障碍。

五级：器官大部缺损或明显畸形，有较重功能障碍或并发症，存在一般医疗依赖，无生活自理障碍。

四级：器官严重缺损或畸形，有严重功能障碍或并发症，存在特殊医疗依赖，或部分生活自理障碍或无生活自理障碍。

三级：器官严重缺损或畸形，有严重功能障碍或并发症，存在特殊医疗依赖，或部分生活自理障碍。

二级：器官严重缺损或畸形，有严重功能障碍或并发症，存在特殊医疗依赖，或大部分或部分生活自理障碍。

一级：器官缺失或功能完全丧失，其他器官不能代偿，存在特殊医疗依赖，或完全或大部分或部分生活自理障碍。

四、工伤保险

工伤保险也称职业伤害保险（Work-Related Injury Insurance），是社会保险制度的重要组成部分，是指国家和社会为劳动者在生产经营活动中遭受意外伤害和患职业病，以及因这两种情况造成的死亡、劳动者暂时或永久丧失劳动能力时，给予劳动者及其亲属必要的工伤医疗、基本生活保障、职业康复、伤残抚恤和遗属抚恤等。工伤保险作为社会保险制度的一种，体现了国家和社会对职工的尊重，是通过立法强制实施的。

工伤保险将由单个企业承担的工伤风险通过社会化保险，分散到由众多企业来共同承担，从而有效分散了职业伤害风险，为实现公平保障奠定了良好的基础。从国内外的实践来看，工伤保险在其覆盖人群中达到了较好的公平性。

在很长一段时期中我国职业伤害保障三种基本方式并存，分别是工伤保险、商业保险和雇主责任制。三种方式待遇差异巨大，公平性严重失衡，相当多工伤事故保障落实困难重重，覆盖农民工范围以雇主责任制最多，其次是工伤保险，商业保险的极少。从保障的强制程度、资金保障、保障易得性、保障的及时性等特点综合衡量，工伤保险最优、雇主责任制最差。国际上职业伤害保障制度已有较充分的实践，国际劳工组织（ILO）的系列公约已制定了相关指标规范，提出工伤保险最低覆盖标准和最低收入水平补偿标准，最低要覆盖劳动人口的50%或全部人口的20%，补偿水平不低于工资损失水平的50%等。几乎所有的国家或地区都有工伤保险制度，它是最受职工欢迎的社会保险项目。部分人口大国中的工伤保险覆盖率：巴西56.2%、印度尼西亚20.9%、菲律宾69.4%、波兰89.5%。

现代职业伤害保障体系的基本特点是重视保障职工权益和尊严，社会化的工伤保险已成国际上主要的制度形式，雇主责任制和商业保险也让企业能够选择适合的方式。最重要的是，在健全的劳动法律制度作用下，无论采用哪种方式，都必须满足合理补偿以保障公平。

第二节　理论基础概述

国际关于工伤事故原因理论已经先后有事故倾向理论、海因里希法则、伤害流行病学理论和系统模型理论四代，系统模型理论更注重社会、经济和人类工效学因素。职业伤害的影响因素可分成三类：个人因素、工作因素和组织因素（Khanzode et al.，2012；Silaparasetti et al.，2017），结合系统模型理论和海因里希法则可分析风险因素和事故因素链（Chi and Han，2013）。

一、事故倾向理论

科学家通过对大量事故案例研究，在相同的客观条件下，少数人遭受事故次数比其他人多得多，心理学家将其定义为事故倾向性，并由此发展了事故倾向理论。该理论指出，发生的事故与相关人的个性是有关系的，原因在于某些人由于具有某些个性特征而更易引发事故。

因此，预防事故只要区分出那些具有“事故倾向性”的少数人，或者对其进行心理调适，或者将其调离风险岗位，就可以有效地避免事故的发生了。当然，这个设想在应用中并不顺利，目前还没有理想的方法来区分出这类人。

也有研究表明，有些人在某些环境下可能更容易发生事故。如果他们改变了环境，就不一定容易发生事故。在一种工作中，他们容易发生事故；在另一种类型的工作中，他们未必如此。因此，事故倾向可能是指一个特定的环境，而不是所有环境的总趋势。这表明，过去的事故记录不能推断一个人将来容易发生事故。还有一些心理学家认为，事故倾向性应该更多地归因于人格因素和环境因素的相互作用。在一定时期内，年龄、经验、暴露风险等多重因素对个体事故倾向的影响可能大于其他因素。

二、海因里希法则

赫伯特·威廉·海因里希（Herbert William Heinrich）在 1931 年完成了安全研究历史上的经典著作《工业事故预防》。该书是早期安全科学研究领域重要的研究专著，在整个安全生产发展史上有重要的作用，在其后不断完善并出版多个版本。其中最有影响的内容是海因里希法则（Heinrich's Law）和海因里希事故致因理论（又称多米诺骨牌理论），是安全领域里程碑式的成果。

海因里希法则又称“海因里希安全法则”“海因里希事故法则”“事故金字塔法则”（300：29：1 法则）。后来学者在对其他类型事故的调查中发现了类似的规律，也呈现金字塔分布，但在不同类型的事故中，三者的具体比例并不一定相同。

这一统计规律表明，在同一种类型活动中，如果发生无数次常规事故，必然导致重大伤亡事故的发生。因此，预防重大事故的发生，必须减少和杜绝非伤害事故，减少轻微事故，这项建议已被生产管理者广泛接受和执行。

三、海因里希事故因果连锁理论

海因里希在《工业事故预防》一书中最先提出了事故因果连锁理论，阐明了导致伤亡事故的各种因素之间以及这些因素与事故、伤害之间的关系。该理论的核心思想是伤亡事故的发生不是一个孤立的事件，而是一系列原因事件相继发生的结果，即伤害与各原因相互之间具有连锁关系。

海因里希把工业事故的发生、发展过程描述为具有如下因果关系的事件的连锁：①人员伤亡的发生是事故的结果；②事故的发生是由于人的不安全行为或（和）物的不安全状态所导致的；③人的不安全行为、物的不安全状态是由于人的缺点造成的；④人的缺点是由于不良环境诱发的，或者是由于先天遗传因素造成的。

这一理论从作用和反作用的角度解释了伤亡的原因，以及事故各因素与伤害的关系；提出了人的不安全行为和物的不安全状态的概念；指出企业安全工作的中心是防止人的不安全行为或消除不安全物体状态，即移除因果链中的任何多米诺骨牌，该链将被破坏，事故将被中断连锁，达到预防伤害事故的目的。

四、事故致因理论

事故理论研究始于 1919 年，英国学者格林伍德（Greenwood）和伍兹（Woods）对许多工厂里事故发生次数，利用泊松分布、偏倚分布和非均等分布进行统计检验，发现工厂中存在着事故频发倾向。此后，事故致因理论的发展经历了三个阶段：以事故频发倾向论和海因里希因果连续论为代表的早期事故致因理论、以能量意外释放论为主要代表的第二次世界大战后的事故致因理论、现代的系统安全理论，如图 2-1 所示。

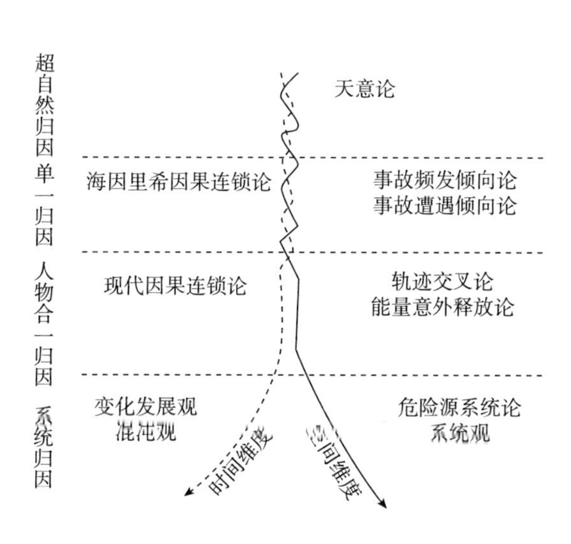

图 2-1　事故致因理论基本发展阶段

资料来源：笔者整理。

博德（Bird）、亚当斯（Adams）又在海因里希的基础上提出了现代因果连锁理论。回顾事故因果关系理论的研究发展过程，经历了单因素理论、双因素理论、三因素理论、多因素理论的发展阶段，它反映了人类对生产活动认识的不断深化和生产形式、工艺流程的不断创新，随着生产力和科学技术的不断进步，人们在生产过程中的地位不断变化和调整。

陈宝智 1992 年提出的危险源理论是这一时期较典型的事故归因理论，认为事故是由第一类危险源和第二类危险源共同作用的结果，系统中存在的危险源是事故发生的原因。此后，国内学者在安全生产危险源系统论的研究成果比较密集，主要可以集中在危险源辨识和危险源的监控与防范等方面。

五、伤害流行病学理论

现代流行病学的实践和方法是由英国统计学家威廉·法尔（William Farr）开创的。1838 年他曾在英国登记总局统计部门（the Statistical Department of the United Kingdom's General Register Office）任司长，法尔促进了现代流行病学监控系统的发展（Langmuir，1976）。现代疾病和伤害监测系统由三个部分组成：数据收集、数据分析和传播。

伤害流行病学是流行病学的一个分支，它描述伤害的发生强度和分布特点，分析伤害的流行规律、原因和危险因素，提出伤害的干预和预防措施，评价预防控制效果。

伤害流行病学的主要目的是确定伤害的重点种类，阐明分布，探讨因果关系，制定防治策略，并评价其效果。伤害预防和控制是政府的重要公共管理行为。重大伤害事件可能影响国家声誉、社会稳定、家庭幸福和居民安全；另外，工伤、消费品安全、车祸、溺水、医疗事故等小伤害事件多发、频发，总体影响和损失远大于那些令人震惊的大伤害事件。

我国研究者在运用流行病学原理研究中国工伤事故发生发展规律方面已取得一些研究成果，主要运用描述性研究、分析性研究和干预研究（李秀楼和李立明，2000）。

六、风险理论

风险表现为收益不确定性，就是生产目的与劳动成果之间的不确定性，也可定义为成本或代价的不确定性，实际风险产生的结果可能带来损失、获利或是两者混合的效果。为了获得理想的结果，降低风险的消极结果，必须进行科学的风

险管理。风险管理通过风险识别、风险估测、风险评价，并选择与优化组合各种风险管理技术，对风险实施有效控制和妥善处理风险所致损失的后果，从而以最小的成本收获最大的安全保障。

2020年中国职业安全健康协会发布团体标准《危险源辨识、风险评价和控制措施策划指南》，提供了危险源辨识、风险评价和风险控制措施策划的指导，适用于用人单位的安全生产风险管理。可接受风险是指根据用人单位的法定义务和安全生产方针，在安全生产方面允许承受的风险。风险评价是对危险源引起的安全生产风险进行评价，确定其是否可接受的过程。

第三节 文献综述

一、国家或地区工伤事故数据不齐全或不准确的问题

1. 工伤事故漏报的主要原因：个人层面和组织层面

从研究不同国家、地区或商业部门的工伤和疾病专题的论文看，这些研究往往缺少数据尤其缺少官方数据（Ooteghem，2006；Liu et al.，2005）。甚至许多发达国家或地区也缺乏公布的职业事故数据。

在发达国家或地区，最可靠的来源是工伤保险建立的补偿数据库。这些数据库的优点在于通常有标准化的确认系统案例和案例记录信息。不足之处在于通常只包括雇员，排除了个体经营者的信息，最重要的是，它们对疾病的覆盖率很低。因为职业原因导致的疾病很难判定（Macaskill and Driscoll，1998）。其他直接信息来源包括职业病登记但只涵盖非常有限的一组疾病。与发达国家或地区的制度相比，发展中国家或地区由于人口少，可用于建立和运行系统的资源有限以及用于识别和报告的网络不太成熟，情况往往更糟糕（Dong and Platner，2004；Leigh et al.，2004）。

工伤事故漏报主要发生在两个不同的层面：一是个人层面，即员工未能向其雇主报告工作中发生的工伤和职业病；二是在组织层面，组织未能向监管机构报告员工的工伤和职业病（Probst and Graso，2011）。当可报告事故数与职业安全与健康管理局（OSHA）日志中记录的事故数不相符时就出现了组织层面的事故漏报。因此，当可报告事故和可记录事故不相符程度增大时，组织层面的事故漏

报就越多。个人层面事故漏报的定义类似于组织层面的，因为它涉及向公司报告的工作场所的伤害和疾病数与实际经历的伤害和疾病的数量的比较。因此，与组织层面的事故漏报一样，当实际向雇主报告的工伤人数和实际遭受工伤的人数不一致程度增加，个人层面的事故漏报也会增加。

对组织层面的事故漏报的精确估计是因人而异的，一些研究记录了其发生率（Glazner et al.，1998；Leigh et al.，2004；Pransky et al.，1999）。例如，在丹佛国际机场的建设工地的一次研究中发现，实际伤害率是国家公布的该行业伤害率的两倍多（Glazner et al.，1998）。通过比较工伤补偿索赔记录或医疗记录与美国劳工统计局（BLS）的国家工伤和职业病调查数据，类似的事故漏报发生率也被提及（Leigh et al.，2004；Pransky et al.，1999）。

虽然大多数关于事故漏报的研究都集中在组织层面，但越来越多的研究表明，这在个人层面也是一个不容忽视的问题。Probst 和 Estrada（2010）发现，在一项对来自五个行业部门的 425 名员工进行的多组织调查研究中，员工没有向公司报告工伤的达 71%。同样地，Probst（2006）发现，未报告事故的发生率几乎是报告事故的两倍，即每报告一次事故，几乎有两次未报告。

尽管与组织层面的事故漏报有相似的定义，个人层面的事故漏报的精确估计比组织层面更具挑战性（Probst et al.，2019）。在组织层面，向监管机构报告的事件数（即可记录事件数）可在公司的 OSHA 日志中找到。然后可以将这些数据与工伤补偿数据或医疗记录数据进行比较以提供可报告事件的数量。因此，可报告事件与可记录事件的相对客观的数字可以找到。鉴于上述测量挑战，很难精确估计个人层面的事故漏报。然而，有研究指出 57%~80%的事故漏报都是由于员工未向公司报告（Probst and Estrada，2010；Probst et al.，2013；Probst and Graso，2013），最近一家大型公共交通机构的数据显示，77%的经验事故没有正确报告（Byrd et al.，2018）。

工伤漏报有许多个人和组织原因。在员工层面，首先，可能存在一个识别问题，即涉事员工没有意识到他们的事故符合工伤事故定义。其次，安全激励制度对报告不足有负面影响，因为该制度虽然设计良好，但更重视无事故的结果的奖励而忽视遵守安全政策和程序的行为的奖励，会鼓励主管和员工少报事故以降低工伤率（Pransky et al.，1999）。再次，集体主义规范和相应的社会压力可能会阻碍员工向公司领导报告事故（Sinclair and Tetrick，2004）。因为担心报告事故就会失去工作，从事临时工作的工人可能会少报事故（Palali et al.，2017）。最后，当工作不安全感较低时，发生的事故总数与雇员报告的数目之间几乎没有差别。然而，随着工作

不安全感的增加，事故报告不足的情况也增加了（Probst et al.，2013）。

2. 工伤事故漏报率分析

Leigh 等（2004）认为，美国农业的漏报率在 61.5%~88.3%，他们估计农业中非致命伤害和疾病被严重低估，并认为这一低估比任何其他行业都要大。原因在于职业伤害和疾病调查（SOII）明确排除了小农场的雇员、农民和家庭成员，季度就业普查和工资统计不足。统计不足限制了我们识别和解决农业职业健康问题的能力，影响了工人和社会。Cordeiro 等（2005）估算出巴西的工作事故漏报率为 79.5%。Wergeland 等（2010）指出挪威致命性职业伤害风险似乎比官方统计数据高 44%，登记不充分，尤其在运输伤害方面。

各国或地区对事故报告的具体要求不同。在美国一个应报告的事故即必须记录在工作场所疾病和伤害日志中并向 OSHA 报告的事故，是指因任何与工作有关的伤害或疾病而造成的死亡、失去意识、离开工作岗位、限制工作职责发挥或调动岗位或经历急救以外的治疗等情形的事故。这种记录下来的事故称为可记录事故。漏报的案例不应包括排除的情形如《美国法典》中的限制范围的案例。如仅需要急救而不需要治疗的轻伤，被美国《职业安全与健康法》明确排除的小型农场设施中发生的非致命伤害都不算工伤事故漏报。

虽然在组织和国家两个层面都有事故报告的要求，但越来越多的研究表明，这些报告数字明显低估了真实工伤和职业病的程度。这些符合可报告事故定义而没有被记录下来的事故称为未报告事故或者叫作漏报事故。

3. 职业病更有可能被低估

职业伤害分为工伤和职业病两部分，与工作有关的职业病日益严重。研究表明，职业病的数量似乎被低估了（Driscoll et al.，2005；Nelson et al.，2005；Steenland et al.，2003）。很多与工作相关的疾病可能被忽略了，如与癌症（Driscoll et al.，2005；Zahm and Blair，2003；Park et al.，2002；Morrell et al.，1998）、肌肉骨骼疾病（Punnett et al.，2005）、呼吸系统疾病（Driscoll et al.，2005；Leigh et al.，1997）、心理社会问题和循环系统疾病（Nurminen and Karjalainen，2001；Leigh et al.，1997）相关的职业病情况，可能被遗漏了。

企业的工伤预防更多地集中于预防工伤事故，而不是职业病，导致工伤事故率下降的速度相对要快一些。究其原因，主要是由于职业病潜伏期长，受工作时间（Caruso et al.，2006）和工作量（Åkerstedt et al.，2004；Hamet and Tremblay，2002）等不同因素影响，风险水平被低估，或者风险没有被正确认识到（Morrell et al.，1998）。

二、国家或地区不同来源职业伤害数据相互补充与参照研究

1. 不同统计来源职业伤害数据的相互补充与比较研究

Murphy 等（1996）认为，确定工作场所健康和安全研究的优先事项取决于准确可靠的伤害和疾病数据。所有职业健康数据库在用于总结工作场所危害的国家范围时都有局限性。报告不足的情况是有据可查的，但未报告病例的工伤水平特征尚未得到充分探讨。Murphy 研究了国家一级记录职业伤害和疾病的六个数据收集系统的优缺点①，对来自多个来源的数据进行比较，可能会对主要职业伤害和疾病做出更可信的估计。

Boden 和 Ozonoff（2008）研究美国非致命性伤害和疾病报告的两个最重要的数据来源：工伤补偿数据和劳工统计局（BLS）职业伤害和疾病年度调查，发现非致命性职业伤害和疾病的漏报在两个系统中都很严重，尤其是在职业伤害和疾病调查中。使用这两个来源可以提高覆盖率，但远远不能准确统计六个州中的四个州。报告率差别很大，因此不能由此推断整个美国的报告率。

Nestoriak 和 Pierce（2009）通过分析 Boden 和 Ozonoff（2008）论文使用的数据子集，扩展了他们报告的总体结果，以确定 SOII 最有可能低估哪些类型的病例。其讨论的重点在于不同设施类型、不同时间和不同伤害类型的 SOII 捕获率的差异。Wiatrowski 和 William（2014）指出，在美国职业伤害和疾病调查（SOII）是国家对工作场所发生的非致命伤害和疾病的主要监测工具。根据职业安全与健康管理局（OSHA）定义的可统计伤害和疾病，SOII 提供了私营企业和州政府以及地方政府雇员每年受伤人数和发生率。此外，SOII 还提供了有关最严重伤害和疾病的详细信息。Wuellner 等（2016）将 SOII 数据与华盛顿州工伤补偿数据联系起来进行研究，利用失业保险数据提高关联精度。使用多变量估算未申报工伤索赔发生率的回归模型以便探寻发生的规律。Wuellner 等（2017）用同一数据对未报告案例相关的伤害和索赔特征做了进一步探索。

工伤数据，特别是非致命工伤数据的可用性是一个持续的挑战，数据缺乏限制了安全干预措施的研究（Issa et al.，2016；Patel et al.，2016；Zhou and Roseman，1994）。尽管美国职业安全与健康管理局（OSHA）的职业安全卫生标准对

① 这六个系统是：国家创伤性职业死亡数据库（National Traumatic Occupational Fatalities database），劳动统计局致命性职业伤害普查（The Bureau of Labor Statistics Census of Fatal Occupational Injuries），劳动统计局年度调查数据（The Bureau of Labor Statistics Annual Survey data），大型工人赔偿数据库（A Large Workers' Compensation Database），国家赔偿保险委员会数据（The National Council on Compensation Insurance Data），国家电子伤害监测系统（The National Electronic Injury Surveillance System）。

各行业都有规范，但 OSHA 安全记录存档并不包括粮食行业发生的所有伤亡事故（Issa et al.，2016）。此外，员工少于 11 人的经营实体不在 OSHA 安全记录存档要求的范围内（Douphrate et al.，2010；Zhou and Roseman，1994）。由于预算、行政和后勤方面的限制，职业安全与健康管理局也只能从高风险的雇主和雇员超过 40 人的公司收集数据（Leeth，2011）。

根据 Riedel 和 Field（2013）的数据，劳工统计局的数据仅包括年度伤害和死亡总数，没有提供进一步的详细信息如因果因素，这些因素被认为是研究工作场所危害的必要因素。此外，来自科学文献的证据表明，劳工统计局的数据明显低估了与工作有关的伤害，非致命伤害的缺失率在 61%~88%（Leigh et al.，2004；2014；Bode and Ozonoff，2008；Rosenman et al.，2006）。由于这些原因，需要一种替代性的伤害数据源调查粮食加工行业的工作场所伤害。工伤保险索赔通常包含用于伤害定性的有价值信息（Utterback et al.，2012）。除了关于伤害直接成本的信息（如医疗、补偿和伤残补偿金），有关行业、职业、伤害性质、伤害原因和受伤工人人口统计信息的数据也包含在工伤补偿索赔中（Utterback et al.，2012；Nestoriak and Pierce，2009）。

2. 工伤保险数据是国家或地区职业伤害风险的重要数据指标

尽管美国职业伤害统计经历了长时期的发展且相对完善，但工伤保险数据能够起到很好的统计与核对作用，其中来自商业保险公司的数据，都有着较好的专业研究价值（Lebeau et al.，2014；New-Aaron et al.，2019）。在全国职业伤害数据的主要来源中，漏报低报的情况也是较为普遍和有据可查的（Oliveri et al.，2020）。Wuellner 等（2016）将美国劳工统计局（Bureau of Labor Statistics）的职业伤害和疾病调查（SOII）数据与华盛顿州工伤补偿索赔数据进行比对，发现雇主向劳工统计局少报工伤事件，SOII 只接收到大约工伤索赔人数 70%的报告。由于预算、行政和后勤方面的限制，美国职业安全与健康管理局也只能从被视为高风险的农业雇主那里收集数据，大多数情况下，只能从雇员超过 40 人的公司收集数据（Leeth，2011）。

1990~2000 年日本共发生了约 58 万起将工伤雇员错误处理成医疗保险受益对象（郭晓宏，2008）。Wergeland 等（2010）通过社会保险部门和私人保险机构进行统计核对，发现挪威工亡数据被低估了 44%。Leigh 等（1996）在世界卫生组织全球疾病负担研究中，指出全球工亡估计数为 112.9 万人，这个结果可能低估了大多数发展中国家或地区行业的影响（Murray and Lopez，1996）。

为了寻找更好的职业伤害事故率估算途径，一种思路是找寻替代数据的方法。从国外专家学者的研究看，替代数据主要来自工伤补偿数据、商业保险公司数据、门诊数据等，各个国家或地区不同的工伤保险制度模式决定了替代数据来源的不同，用工伤补偿数据替代职业伤害数据的做法最具典型代表意义，学者纷纷将本国的工伤补偿数据作为替代数据进行职业伤害规律研究，其中又以美国的相关研究更为系统全面，有的专家研究工伤补偿作为替代数据的有效性及不足，有的专家对来自生产安全部门的数据与工伤补偿数据进行比较研究，相互补充。

David 等（2012）认为，工伤补偿数据虽然在许多方面受到限制，但包含了国家职业监督来源无法提供的医疗、费用和结果以及残疾原因等信息。尽管有其局限性，但工伤补偿数据记录的收集方式符合许多职业健康和安全监督需要，可提供关于将工伤补偿数据用于监测和研究目的的报告，如估计补偿伤害的频率、程度、严重程度和成本。工伤补偿数据的不一致性会限制研究结果的推广。

前人的研究表明，工人的补偿数据可以用来描述多个行业工作场所伤害的风险、范围和性质。Ramin 等（2014）基于社会保障部门数据对伊朗 2008 年的职业事故进行流行病学评估。Neuhauser 等（2013）使用工伤补偿数据，通过性别和年龄，同时控制受伤者的职业和行业类型来进行分析。Sears 等（2013）利用工伤补偿数据预测职业失能和医疗成本开支。史密斯等（2012）利用农业、矿业和制造业的工伤补偿数据，分析重伤和轻伤的职业伤害相关风险因素。Coleman 和 Kerkering（2007）研究了煤矿工伤情况，利用工伤补偿数据区分低风险和高风险的操作和时间段。Schwatka 等（2013）利用 1998~2008 年的工人补偿申请研究建筑业工伤索赔中年龄与伤害类型的关系。

三、我国职业伤害数据统计中的工伤保险统计数据

1. 我国各类职业伤害数据统计的准确性普遍存在疑问

我国历年职业伤害数据统计存在着不规范的问题，在现实中各种原因导致的瞒报漏报也较为普遍（孙兆贤，2013；谢英晖，2016；毛庆铎和马奔，2017）。王鸿鹏等（2016）分别深入分析了省份间十万人工亡率的区别，发现四川、贵州、广西、云南、重庆、黑龙江等省份较严峻，存在需要进一步明确探讨的疑点。

马英驹（2003）发现我国的企业职工伤亡事故的重伤人数仅为死亡人数的 40%~50%，完全不符合伤害严重度越高概率越小的规律。究其原因，笔者认为是由事故统计数据不实造成的。应该说我国当前事故瞒报现象相当严重，众所周知，把“重伤变为轻伤”“轻伤变为无伤”等现象是司空见惯的。资料表明，我

国有的地区早在20世纪80年代重伤瞒报率就达到68.9%，甚至达到85%，近年来更有越演越烈之势，严重影响了对企业安全生产管理的评价及对我国安全生产形势的评估。因此，建立一种科学、简便的方法对伤亡事故统计报告数据的偏差进行检验，是十分有必要的。

尽管面临数据支持不足的困难，我国学者对国内的十万人工亡率还是进行了较多的相关研究，主要对全国整体和各地情况进行统计分析。贾明涛等（2013）和刘祖德等（2013）侧重分析我国经济发展与安全生产的协调度，指出在不同的经济社会发展阶段或工业化发展阶段，安全生产状况呈现出不同的发展特点。颜峻（2017）发现，十万人工亡率变化趋势具有明显的分阶段波动特征，死亡率序列均为趋势平稳过程。邵志国和张士彬（2016）、王鸿鹏等（2016）分别深入分析了省份间十万人工亡率的区别，发现四川、贵州、广西、云南、重庆、黑龙江等省份较严峻。这些研究在一定程度上展示了我国和各省份工亡率的基本概况，但也存在需要进一步明确探讨的疑点：一是所依据的指标数据有一定的局限性，由来源于不同部委的统计数据合并计算得到，造成统计口径上不完全对应，未能被国际劳工组织采用，又缺乏连续的历年分省数据，与国内工伤保险数据差距较大[①]；二是对全国和各省份的工亡率分析偏于静态分析，对其长期波动和彼此间差距的变化都缺乏分析，不利于掌握其变化规律。

Liu等（2005）计算出中国工业部门每十万工人的死亡率为14.14。Xia等（2000）计算出上海新发展地区的死亡率为11.5。Hämäläinen等（2009）测算出中国的工业部门每十万工人的死亡率为23.9。Takala（2019）测算出中国2013~2014年平均工亡率为13.4，由于国家统计局统计对象仅包括了工矿企业和商业企业的事故死亡人数，农民工并未统计在内，所以他用2013年和2014年工矿企业和商业企业的事故死亡人数和估计的“非自谋职业的农民”事故死亡人数合计得出这个数字。

2. 我国工伤保险数据正表现出较为全面准确的优势

值得注意的是，工伤保险数据在许多国家或地区都是工亡率指标的重要来源之一，具有较好的客观性和系统性，通常工亡发生后企业和职工家属都有积极性向工伤保险方报告，通过认定得到充分的保险支付补偿（周慧文和刘辉，2018）。2019年，中国城镇就业人数为4.4247亿人；截至2020年底，全国工伤保险参保

① 例如，统计出的2016年的十万人工亡率，部委统计数据为1.70，而工伤保险数据则为10.25，所以有必要采用工伤保险数据进行研究。两者差距巨大这个问题我们将另行讨论。

人数为2.68亿人，约占六成①。我国工伤保险已建立非常完善的管理体系，大数据应用正在与工伤保险业务全面融合；区块链模块有利于解决现有生产安全信息的传播共享中容易出现的不对称性滞后的问题（谢丹青和刘平，2018；李捷等，2020）。我国工伤保险统计内容较为翔实可靠，全国和省份层面的数据都较为齐全，有望为研究职业伤害提供宝贵的数据支持。我国已有超过2.68亿的职工参加了工伤保险（截至2020年底）②，积累了大量的工亡统计数据。国际劳工组织已认可了部分国家保险机构提供的职业伤害统计，参考若干国际研究经验（Stout and Bell，1991；Wergeland et al.，2010；Bukhtiyarov et al.，2017），本书将采用我国工伤保险数据来计算十万人工亡率，选用泰尔指数分析法对2006~2016年我国及各省份的十万人工亡率变化及相互差距情况进行研究，试图探索其变化规律，丰富和完善工亡问题研究，为宏观管理提供科学依据。

四、职业伤害风险研究日益注重与各国或地区经济社会发展水平的联系

对事故原因的系统和科学的分析有助于对风险的防治（罗通元和吴超，2019）。工伤事故原因理论已经先后有事故倾向理论、海因里希法则、伤害流行病学理论和系统模型理论四代，系统模型理论更注重社会、经济和人类工效学因素（Khanzode et al.，2012；Silaparasetti et al.，2017）；结合系统模型理论和海因里希法则可分析风险因素和事故因素链（Chi and Han，2013）。

Cepic等（2020）从用人单位的专业活动、伤害来源、伤害原因、伤者年龄四个方面分析了造成塞尔维亚共和国职业重伤和死亡的原因，发现造成严重和致命职业伤害的主要因素是人为因素。过去的40年泰国经历了从农业转型为以制造业和服务业为主，工亡率开始下降（Takala et al.，2004）。据ILO报告的多国最新统计的十万人工亡率，发达国家因较好的预防措施和工业化进程等原因，工亡的数量在减少，而发展中国家普遍仍然较高。Gammon（2020）发现，在美国的进口国中，就工亡率而言，约有2/3的国家要高于美国。Choi等（2019）比较研究中国、韩国和美国的高危行业建筑业工亡情况，发现中国的工亡数最高，但工亡率是韩国最高，其次是美国和中国。Yi和Lee（2016）发现，韩国职业伤害风险在不断下降，包括工亡率在内的四种职业伤害指标正在不断改善。Lim等（2018）分析了职业伤害致死率与总伤害率、致死率和国家统计数据之间的关系，

① 工伤保险缺失：他们身后的隐形“深谷”［EB/OL］．新华网，http：//www.xinhuanet.com/polities/2021-01/29/c_1127042441.htm.

② 参见《2020年人力资源和社会保障统计快报数据》。

通过多变量线性回归模型发现，新闻自由与死亡和总职业伤害率显著相关。

五、我国职业伤害情况与经济社会和技术因素研究

伴随工业化进程的加快，我国职业风险的变化与经济体制转轨、产业结构调整有关，也有发展目标单一、管理不善等深层次原因（王海顺等，2019；乔庆梅，2010）。在我国，政府安全执法效果并不显著，而职工素质对于事故起数和死亡率都具有显著抑制作用（吴伟，2015）。刘祖德等（2013）、颜峻（2017）分析了 GDP 增长率和工亡率在同一工业化发展阶段的变化趋势，指出在工业化发展的 4 个阶段中经济发展水平和安全生产状况之间有着紧密的关系。吴军等（2020）发现工亡率变化趋势具有明显的分阶段波动特征，死亡率序列均为趋势平稳过程。在长期关系中，第二产业增加值对我国生产安全事故具有正向影响作用，而经济增长、非农业就业人口比重及城镇人口占比的影响显著为负；在短期关系中，经济增长、第三产业增加值、城镇人口占比的上升增加了生产安全事故风险。

魏玖长和丁粪（2020）以应急管理部公布的 171 起重特大安全事故调查报告数据为样本，发现发生重特大事故省份的地区生产总值对事后一个月的事故下降率下降具有显著的负向影响，而事故省份的工业总产值越高和媒体舆论压力对事故下降率有显著的正向影响。李湖生（2019）分析 1950～2018 年我国特别重大生产安全事故的主要特点和发展变化规律，发现传统事故预防模型存在对事故发生后的人员安全保护不重视的问题。王凡凡（2021）采用 2000～2018 年广东省 21 个地级及以上城市的平衡面板数据，利用双重差分模型分析发现，挂牌督办显著降低了亿元地区生产总值生产安全事故死亡率，党委领导推动政策施行的效果要高于行政领导，政策效果在经济条件较好的珠三角地区表现得更加强劲。多种因素相互作用的叠加，可能形成生产安全事故系统性风险（蓝麒等，2020）。

在针对行业与厂矿企业研究方面成果较为多样，主要聚焦高危产业和高危人群，揭示了相关主要影响因素，但职业伤亡数据还属局部统计（刘梦红等，2017；邓奇根等，2016）。王喜梅等（2014）应用海因里希法则对浙江省特种设备事故总量进行了分析，获得了与法则一致的“较大事故：死亡事故：一般事故：重大隐患：一般隐患：危险源”为“0：50：50：600：70000：∞”的比例关系。聂辉华等（2020）指出，中国在过去二十年里成功地降低了煤矿死亡率，主要有三条经验：一是巧妙地在经济增长和生产安全两者之间权衡取舍；二是在制度设计上将煤矿生产部门和安全监管部门分立；三是在治理体系上构建了以垂直管理为主、群众监督为辅的多元治理体系。传统的海因里希法则揭示了事故发生频数

与严重程度的统计规律，并没有指出要重视事故隐患和险肇事故，不能从根本上解决系统的本质安全问题。王军等（2019）对 2005~2016 年煤炭价格与煤矿安全事故数据关联性进行分析，发现煤炭价格与煤矿安全事故存在协整关系，煤炭价格对煤矿安全事故的影响是长期且稳定的；煤炭价格波动对于煤矿安全事故的正向冲击作用较为明显，煤炭价格的增长有利于煤矿安全事故的减少。

从国内对工伤事故数据分析的相关论文看，主要数据来源于如下途径：一是企业的安全管理部门的统计数据，特点是比较微观，对分析全局当地抑或是区域性的工伤事故现状帮助不大；二是从医院患者的病历数据进行分析（裴卫国和杨喆，2011），我国学者比较多的论文是属于这种；三是通过问卷进行职业伤害流行病学研究。

在工伤相关研究方面，我国学者主要是运用流行病学的方法进行的（杨旭丽和方菁，2008；叶庆强，2007；曲亚斌和夏昭林，2003；胡伟江，2002；李秀楼和李立明，2000）。

描述性研究：目前绝大多数使用的是描述性研究，其中最多的是利用现有的工伤资料或工伤死亡资料进行整理和统计分析。相比国外数据主要来源于工伤保险补偿数据，我国的数据来源途径更多，有用国家或地方安全部门数据（夏昭林等，2000；刘移民和张文经，1995）；医疗卫生部门的登记报告（黄子惠和陈维清，2002）；工矿企业、医疗部门工伤登记报告（陈婉静等，2017；林岩等，2007；王瑾等，2005）；工伤保险补偿认定机构的数据（黄文燕等，2005）。

分析性研究：工伤事故分布特征的描述为工伤事故的病因分析提供了线索，对其危险因素的确定还需进行分析性研究。群组研究被认为是调查病因及相关危险因素方法中最有说服力的方法之一，此方法可以调查个人、工作环境及事故经过之间的关系，用这种方法不仅可以研究物理或机械因素，还能研究工作经验和监督管理等因素（王力民等，2016；王兵建等，2011）；病例对照研究可以检验环境中特殊因素或工作经验和健康指标之间的关系。在此类研究中常以受伤者作为病例组，由于工伤事故率特别是严重的工伤发生率很低，这样病例常常是在登记报告中选择或以医院为基础进行选择。对照组的选择有来自与病例同一人群中未受伤者或病例所在的全人口。还有专家建议另外的研究方法，不以个人为研究对象，而是以事故率较高的行业或工种作为病例组，选择事故率较低的企业或工种作为对照组，分别收集有关的暴露情况（李秀楼和李立明，2000），我国的学者用此法进行了一系列的相关研究（崔志伟等，2013；韩毓珍等，2009；董金妹等，2007；金如锋等，2003）。

六、评述

综上，各个国家或地区工伤事故数据不齐全或不准确是一个较为普遍存在的基本问题，利用不同方法来科学评估职业伤害风险是非常重要的；发达国家职业伤害风险水平已从最高峰转而向下趋于减少和稳定，受害人数有所降低；我国和其他发展中国家则普遍面临着较严重的职业伤害威胁；从全球比较研究来看，各国的产业结构和经济发展水平对职业伤害风险有着根本的影响。值得注意的是，工伤保险数据已在美国、俄罗斯、日本、挪威等多个国家公共管理中得到相应的运用，是统计职业伤害的重要专业数据来源，而在国内还没有得到认真对待和充分利用。

国家统计局和应急管理部的相关职业伤害统计数据不完备，极大地妨碍了我国公共管理和安全生产的形势研判，相当程度上妨害了职业伤害风险管理的有效实施，也对国内职业伤害相关研究构成极大的阻碍。国际比较研究中常常出现中国情况不详，难以系统运用国际专业理论进行实证研究；对全国和各省份的职业伤害分析偏于静态分析，对其长期波动和彼此间差距的变化都缺乏分析，不利于掌握其变化规律；对职业伤害风险分析缺乏充分的科学依据，研究结论常常偏于笼统，管理对策普遍欠缺精准。目前，亟须实现防控职业伤害风险决策从经验驱动到数据量化驱动的转变，增强我国安全生产管理的针对性与有效性（祝启虎等，2021）。

关于用工伤保险数据作为替代数据及其研究方法为本书写作提供了借鉴，但现有研究存在数据、方法和视角方面的局限性。不同于现有研究，本书借鉴国际社会普遍的经验与做法，即用工伤保险数据作为替代数据进行工伤事故预测研究，在宏观上研究经济发展与安全事故率之间的关系，在中观上研究省际之间的比较，运用描述性统计分析方法研究其分布情况，采用 2006~2018 年 31 个省份相关数据，研究面板回归及面板门槛效应，探讨职业伤害事故发生率及其影响因素；在微观上，拟选取具有高参保率的地区的工伤保险数据进行微观研究，结合当地的就业人数等相关数据，研究工伤工亡发生率与其所在行业、职业、工种、性别、年龄等因素的相关关系。本书将丰富和扩展基于我国工伤保险系列数据研究的相关理论，对有关部门优化完善工伤预防机制具有现实意义。

故此应加强以下三点：第一，大胆创新研究思路，克服管理体制中的障碍，借鉴国际经验和利用国内条件，开拓新的职业伤害统计方法和路径。第二，要充分利用具有相对完整性和客观性优势的工伤保险数据，力求在我国职业伤害风险水平研究上取得重大突破，拓展有深度的专业分析研究。第三，要密切结合我国经济发展和工业化进程现状进行职业伤害风险水平（工亡率水平）的研究，提升相关理论与我国实际研究的结合程度，分析相关主要影响因素和未来变化趋势，努力向国际先进水平看齐，为国家和地方各级管理部门提供可靠的决策依据，改善工伤保险体系基础环境，提升公共管理和社会保障的综合绩效。

第三章　职业伤害事故统计与工伤保险数据

第一节　国际劳工组织职业伤害事故统计研究

一、国际劳工组织对统计的要求

各国数据系统记录的病例和报给世界卫生组织或国际劳工组织的数据是估计全球工伤率的基础。国际劳工组织制定的《职业事故和职业病的记录与通报实用规程》（以下简称《规程》）申明，各成员国遵循《规程》的实用程度，可依据本国经济状况和技术水平而定，尤其是计划使用《规程》的国家，应考虑本国具体条件。发展中国家及有关国家，在拟建立或修改有关职业伤害事故、职业病、通勤事故及危险情况事件的记录和通报系统时，必须考虑自身实际，如条件不具备，可不按《规程》办；如按《规程》办，就要严格遵循其基本要求。

《规程》对伤亡事故、职业病、危险在记录、统计、公布三个方面提出了具体的要求。要求记录、保存和使用职业伤害信息，其中既要包括伤害人员的主要特征，又要记录所在的主要特征。统计数据指标要有伤害的总人数[①]、损失工作日总数[②]、伤害总起数[③]，并加工整理出若干相对数指标，如伤害频率、伤害发生率、伤害严重度

① 指死亡人数、职业病人数、损失工作日 3 日及以上的工伤人数，以及时间无损失、工作无缺席的工伤人数的总和，其中死亡人数包括事故发生后 1 年内死亡的人数。

② 指死亡和职业病损失工作日，以及损失工作日在 3 日及以上的工伤的损失工作日总和。

③ 包括死亡、职业病、损失工作日在 3 日及以上的工伤的伤害起数的总和，再加上时间无损失、工作无缺席的伤害起数。

和平均损失工作日数。建议由政府主管部门直接汇总、审定并公布职业伤害数据。

二、ILOSTAT 的使用

国际劳工组织统计数据（ILOSTAT）提供了致命性职业伤害和非致命性职业伤害的统计数据。为了评估工人所面临的与工作有关的风险，最好不要只看工伤总数的绝对值，还应看相对比率，如每 10 万名工人的致命和非致命职业伤害率。ILOSTAT 统计这项指标外，还按性别、移民状况以及经济活动分类，从国家来源进行汇编。

职业伤害的统计数据可以有多种来源，包括各种行政记录（保险记录、劳动检查记录、劳动部门或有关社会保障机构保存的记录）、机构调查和家庭调查。

ILO 建议职业伤害统计的数据来源是国家职业伤害通报系统（如劳动检查记录和年度报告、保险和赔偿记录以及死亡登记册），辅以家庭调查（特别是为了涵盖非正规部门企业和自营职业者）和（或）机构调查。

值得注意的是，致命性和非致命性职业伤害往往由不同的机构通知和赔偿，因此，在使用行政记录的统计数据时，致命性和非致命性职业伤害的统计数据很可能来自不同的记录。这意味着来源可能有不同的覆盖范围，因此致命性和非致命性职业伤害，即使是非常互补的，也可能无法严格地进行比较。

考虑到相关指标更易于解释，并有利于国家、活动和时间之间的可比性，ILOSTAT 提供了职业伤害发生率的统计数据，计算如下：

$$\text{致命性职业伤害发生率}=\frac{\text{报告期内新发的致命职业伤害个案数目}}{\text{参照组中的工人数}}\times 100000 \tag{3-1}$$

$$\text{非致命性职业伤害发生率}=\frac{\text{报告期内新发的非致命职业伤害个案数目}}{\text{参照组中的工人数}}\times 100000 \tag{3-2}$$

第二节　国外职业伤害事故统计现状

一、职业伤害事故记录与报告

1. 国际劳工组织职业伤害报告类型与内容

在全球范围内，国际劳工组织（ILO）具有收集和公布全球事故数和事故发

生率的职能，而事故数和事故发生率来源于各国或地区的事故记录和报告制度（International Labour Office，1996）。只有有效的职业安全和健康监测系统才能保证产生质量可行的数据。数据的收集方式取决于一个国家或地区职业安全卫生体系的法律框架及其相关法律制度。用调查方法很难捕捉到潜伏期长的疾病，因为这类方法通常使用固定的调查周期，不能一直追踪工人的状况。在实际统计中还会因很难区分由职业引起的疾病和由于工作环境或工作条件而使发病率增高的疾病而导致职业病数被低估。调查方法可以有效地收集在一个国家或地区的法律规定范围内的许多类型的职业安全卫生数据。例如，在英国和荷兰，针对工人而不是雇主的调查可以有效地得出通常难以收集的信息——疾病数据。

根据事故的严重程度，国际劳工组织将收集来的职业事故数据划分成三个级别：可报告事故、补偿或严重事故以及致命事故。各国或地区数据的收集方法至少可分为两大类：补偿和非补偿，这两个类别之间关键区别在于原始数据的来源。在工伤保险覆盖了全部或大部分劳动力的国家或地区倾向于利用现有的工伤保险制度来收集和统计职业伤害，通常称为补偿，其限制在于工伤保险的覆盖范围。收集系统和使用的主要数据源（如雇主记录、雇员面谈、行政补偿数据和监管报告）决定了收集数据的范围及其在各国或地区之间的可比性。

工伤数据按严重程度分类，至少分为两种伤害类型：致命伤害和非致命伤害。非致命伤害又可以按损伤持续时间或残疾程度进行分类。美国劳工统计局（BLS）根据受伤严重程度对非致命伤害进行分类时，使用的是休假天数的中位数。澳大利亚和英国的数据使用工作周数，以进一步对非致命伤害的严重程度进行分类。还有一种常见的严重性分组是按残疾状态，当补偿数据可用时使用。按雇主、雇员和案例情况进行的分组通常在跨部门中使用，在不同国家或地区中的细分程度也有不同。

国际职业安全卫生数据中的工人特征包括年龄、性别、种族和民族、工作年限、服务、职业、就业状况，在某些情况下还包括教育。几乎每一个国家或地区都涵盖了前三个特征，尽管种族和族裔在某些方面可能被排除在外或受到不同的对待。欧洲国家在数据表中使用国籍而不是种族和民族。在劳工统计局的数据中，工龄一词指的是某一特定工人受雇于某个公司的时间，在其他国家或地区职业安全与健康数据中常常找不到。在大多数情况下，不收集教育变量。大多数国家或地区公布了行业和职业分类下的数据，以确保至少将伤害与工人受雇的行业联系起来，同时越来越关注某些类型的员工，如承包商、志愿者、实习生、外籍工人和学生等。

2. 标准报告流程

按照标准报告流程一般可以分为向雇主调查和报告事故及组织向监管机构报告事故两个主要过程。

第一，向雇主调查和报告事故。尽管事故调查是针对事故进行的，但组织必须主动制定指导方针和程序。此外，应该有一个既定的协议，事故调查小组可以从不同的角度审视事故。该小组一般由证人组成，如工伤员工的主管、公司指定的安全员和一名工人代表。因此事故调查小组应包括一个多元化的小组，以增强客观性以及调查程序的勤勉。

受伤后的第一步是照顾受伤员工，并给予相应的治疗，调查的初步阶段也随之展开，类似于实况调查任务（Geller，2016），该阶段应包括彻底检查事故现场是否安全、拍照、采访证人等。收集资料后，必须进行事故调查，建立导致事故的事件链，找出意外事故的根本原因。原因可能涉及个人（如缺乏安全技能、缺乏安全意识、错误的风险认知）、工作（如人体工程学因素、工作量和其他环境因素）、组织变量（如沟通能力差、资源少、安全性差、缺乏安全领导）（Christian et al.，2009）。

另外，必须承认事故的近端和远端原因（Christian et al.，2009）。例如，事故原因可能包括员工缺乏安全知识或动机（近端原因），这种缺乏知识或动机反过来可以追溯到组织安全氛围差、缺乏培训和员工易于做出危险的行为（远端原因）。值得注意的是，事故往往不是由单一原因造成的，而是多种因素的综合（Christian et al.，2009；Geller，2016）。在确定事故的近端和远端原因后，最后阶段事故调查的目的是提出进行预防或控制事故的建议，减少此类事件的发生。调查结论可能是提升员工素质（如参加安全培训）、改善工作任务环境（如安装自动切断开关）、完善组织本身（如长期努力提高安全氛围）。

在调查和报告未遂事件时也应采用与事故调查类似的程序。未遂事故报告系统背后的基本原理是围绕伤害三角形展开的模型。最初由 Heinrich（1931）提出，该模型有两个假设。第一个假设是每发生一起严重事故或死亡事故，就会有30个损失工时的事故，300个未遂事故。就未遂事故与已发生事故的确切比率引发了一些争论。例如，Bird 和 Germain（1996）估计每发生1起死亡或灾难性财产损失，就有30起轻微事故伤害或财产损失事件，以及600起未遂事件。不管确切的比率是多少，基本原则和假设是相似的（Bellamy，2015；Nielsen et al.，2006）。总之，这些模型可以理解为“冰山”模型，即严重安全事件往往是最明显的，但许多小的和潜在的事件隐藏在表面之下。

第二个假设是未遂事故和重伤具有同等的潜在风险因果过程。未遂事故和意外事故的区别仅仅在于每个事件发生的环境。因此，要尽可能地关注、调查未遂事故，因为这是实际事故。此外，考虑到与事故数量相比，未遂事故的数量更多，未遂事故提供了许多无伤害低成本的学习机会。在这些事件发生之前，实施必要的预防措施，可以全方位地防止失时工伤或更糟的情况（Barach and Small，2000；Bellamy，2015；Nielsen et al.，2006）。尽管有对未遂事件的报告和调查的要求，但组织与个人缺乏和实际工伤事故发生时一样的紧迫感。因此，员工经常绕开未遂事件报告过程，组织也很少对此类事件进行彻底调查。

第二，组织向监管机构报告事故。准确的监控评估不仅要求员工向其公司上级报告事故，而且也要求组织向政府监管机构准确地报告工作场所的工伤和疾病。因为这类报告在制定标准（如性能测量、检查目标、资源分配、安全等）、识别高风险和低危害行业部门、汇编国家监测计划方面发挥着重要作用（OSHA，2018）。在美国，职业安全与健康管理局（OSHA）管理监控工伤/疾病的报告和记录系统。1970 年《职业安全与健康法》规定，10 名以上员工的企业需要保留工伤/疾病年度记录，职业安全与健康促进了一个全国性的监测系统的建立。

日志数据的记录有三个主要功能：发布摘要供员工查阅，如果美国职业安全卫生管理局和州监管机构要进行检查，则其保存期为 5 年；按雇主规模、行业和其他各种分类计算伤害率。

除美国以外，欧盟也采用了类似的监管机构，被称为欧洲工作安全与健康机构，是发展中国家的主要官僚机构职业伤害监测指南。尽管每个欧盟成员国都有自己独特的报告要求，但框架指导了关于工作场所的健康和安全的一些标准化工作，致 4 人以上缺勤的事故必须纳入欧洲工作事故统计（ESAW）数据库（Eurostat，2016）。但是，许多发展中国家或地区在职业伤害监测方面不够完善。主要原因是缺少资金支持以及数据的缺乏或不可靠，很难准确估计全球职业事故率（Hämäläinen et al.，2006）。

二、各国或地区职业伤害报告系统与工伤保险统计

20 世纪 90 年代在国际劳工组织 174 个成员国中，大约只有 1/3 的国家可以获得合理可靠的数据。要想获得全球整体的精确估计数是非常困难的一件事情，原因在于各国的记录和报告制度不统一，报告不充分是常见的，许多国家的申报登记制度和补偿制度仅涵盖某些经济活动，而将事故率高于平均水平的主要部门如农业排除在外。此外，一些国家涵盖通勤事故、工作中的交通事故和职业病，

其他国家则没有。目前，国外的工伤报告登记系统主要包括国家或地方职业伤害赔偿报告（Choi et al.，1996；Sorock et al.，1993）、国家或地方安全部门（Boyle et al.，2000；Sorock et al.，1993）、国家或地方职业伤害监测系统（Stout et al.，1996）、医疗卫生部门的登记报告（Jensen，2010）、工矿企业工伤登记报告（Sahl et al.，1997）。

国际职业安全卫生数据项目不统一，这是因为各国或地区职业安全卫生制度存在差异，受不同法律法规的管辖。例如，美国劳工统计局统计了所有可记录的伤害案例，但仅提供了至少一天不上班的案例的详细数据。非致命病例统计所需的非工作时间因国家而异。例如，在日本和德国，这一时间是 4 天或 4 天以上；在英国，这一时间是 7 天以上。在实际统计中，欧盟一般将停工 4 天以上的工伤作为工伤统计的一个指标。即使是死亡事故，范围也有细微但重要的差别，如何统计私人和公共工作者、通勤是否与工作有关等。

在实行工伤保险制度的国家或地区，尤其是工伤保险覆盖面比较广的国家或地区，其工伤保险数据是伤害事故统计的主要来源。因此，本书选取工伤保险制度比较完善的发达国家或地区，作为分析借鉴的对象，包括美国、日本、加拿大、澳大利亚、新西兰、英国、德国、荷兰和欧盟等。下面逐一对这些国家或地区的职业伤害事故统计及工伤保险统计情况进行介绍，描述其相关规定与做法。

1. 美国

劳工统计局是劳工部下属的一个独立的联邦统计机构，负责根据联邦—州合作计划，每年收集和公布职业伤害、疾病和死亡的估计数。职业安全与健康管理局（OSHA）也是联邦统计机构的一员，负责制定规则、检查工作场所、重点分析和传播数据，达到监管和执法的目的。劳工部和职业安全与健康管理局是同一个部门的两个分支机构，不是一个单一的机构。

在美国，非致命性工伤或疾病只有在符合 OSHA 制定的一般标准的情况下才会反映在劳工统计局的估计中。可记录的病例被定义为缺勤多个工作日的伤害和疾病、限制工作活动或转岗、急救以外的医疗、失去工作意识和致命伤。OSHA 的可记录性标准与 OSHA 的重伤报告标准不同，包括导致死亡、截肢、失明或住院的工作场所事故。

这项由劳工统计局管理的年度强制性调查使用了一个全国代表性的样本，样本来自私营企业、州和地方政府的 20 多万家机构。在法律上被排除在 SOII 之外的是自营职业者、雇员少于 11 人的农场工人和联邦政府雇员。各国可确定本国政府机构的报告要求。SOII 从雇主那里收集全部和特定案例的伤害和疾病数据，这些雇主全年将这些信息记录在OSHA制定的日志和表格中。某些低危险行业的机构和雇员人数在10人或10人以下的机构可部分免除维护工伤和疾病日志的责任，除非劳工统计局选择他们参与SOII。采矿和铁路数据分别提供给BLS由矿山安全与健康管理局和联邦铁路管理局负责。

美国劳工统计局的美国工亡统计计划（BLS CFOI）通过与SOII相同的联邦—州协议进行数据收集。然而，CFOI的人口普查数据收集方法涉及从多个来源文件创建死亡数据库，包括死亡证明、工伤补偿报告、媒体报道、联邦政府报告以及州行政机构提供的其他报告（如验尸报告）。工伤补偿报告用于确定和证实与工作有关的致命伤害。只有在需要后续问题来澄清信息的情况下，才会直接联系雇主和其他受访者。由于若干因素影响，如职业病的潜伏期和难以确定疾病与工作场所接触之间的联系，CFOI没有公布任何与工作有关的疾病的数据。

致命伤必须符合三个条件才能计入CFOI：①必须是外伤造成的伤害；②必须发生在美国、美国领土或美国领海或领空；③必须与工作有关。CFOI的范围不同于SOII，因为它包括自营职业者工人，在任何规模的机构的联邦雇员和农场工人。正常上下班不包括在致命工伤总数中。然而，为履行其正常工作职责开车时被杀身亡的工人（如卡车司机、送货司机和出租车司机）包括在该计数中。

如前文所述，美国国家职业安全卫生研究所（NIOSH）是主要的职业安全卫生研究机构，负责收集、分析和公布关于职业病的特定类型的职业安全卫生信息数据，尽管它也收集诸如接触铅、噪声和灰尘等有害健康等事故的数据。国家职业研究议事日程确定了NIOSH按行业的研究优先事项。NIOSH数据源因要收集的工伤和职业病而异，包括职业特定监测计划（如煤炭工人健康监测计划）、社会安全管理福利计划（如黑肺福利计划）、国家卫生统计中心全国健康访谈调查、其他专门数据库以及在某些情况下，劳工统计局提供了工伤数据。NIOSH已经启动了20多项职业安全卫生监督计划，其中许多计划解决影响皮肤或呼吸系统的工作场所暴露问题。

2. 日本

日本的工作条件由厚生劳动省（MHLW）管理。根据日本《工业事故和预防组织法》成立的日本工业安全与健康协会（JISHA）促进雇主组织的自愿活动，以防止职业事故。JISHA主要作为一个公私合作组织，发挥咨询作用，提供工作条件风险评估和职业安全与健康教育。MHLW和JISHA分别发布了来自补偿和非补偿来源的职业安全卫生数据。日本职业安全与健康数据并非来源于补偿记录，而是来源于机构调查。

在日本，与工作有关的事故被定义为工人因受雇于或与之一起工作的建筑物、设施、原材料、气体、蒸汽、灰尘等原因而受伤、感染疾病或死亡的情况，第三十五条职业病由医师或者检查人员确定，医师或者检查人员可以对劳动者进行医学检查。日本人的“伤害”可以理解为伤害和疾病的组合。

日本每年对一般设施和建筑工地进行两次独立调查，有时还针对具体工作活动进行特别调查。2009 年，MHLW 调查了 30300 家企业和 4600 个建筑工地。对一般机构的调查涵盖了某些行业中雇用 10 名或 10 名以上正式雇员的公共和私营机构，其中“正式”一词指的是长期或全职工人。基于补偿数据的报告仅限于涉及 4 天或 4 天以上休假的伤害索赔。MHLW 有时会针对特定的工作活动进行特别调查。

3. 加拿大

加拿大《职业安全健康法》（OHS）构成了加拿大职业安全卫生监督的框架。隶属于劳动部的加拿大职业健康与安全中心（CCOHS）负责管理这项活动，在加拿大的 1 个联邦、10 个省和 3 个地区管辖区开展工作。司法管辖区中的每一个 CCOHS 分支机构都可以在《职业安全健康法》的框架内管理工作场所，并由一个由工人和管理层代表组成的联合健康与安全委员会（JHSC）监督。加拿大职业安全与健康数据来源于按照 1997 年《工作场所安全与保险法》规定的工伤补偿索赔数据。数据报告提交给加拿大工伤补偿委员会协会（AWCBC）的国家工伤疾病统计计划（NWISP）。自 1982 年以来，NWISP 在加拿大统计局（Statistics Canada）的领导下运作。但自 1996 年后，数据收集职责被取消，从加拿大统计局转到 AWCBC，一个私人非营利组织。加拿大是世界上唯一使用私人非政府组织管理国家职业安全卫生统计事务的国家。

加拿大的 NWISP 将伤害或疾病定义为因工作相关事件或接触有毒物质而导致的任何伤害或疾病。疾病不同于身体伤害，是由工作环境中的条件引起的。加拿大工伤补偿委员会协会提供了行政补偿数据以及 NWISP 佣金。NWISP 统计涉及损失工作时间、永久性残疾的索赔（与损失的时间无关）和与工作有关的死亡；不可补偿的伤害不计算在内。加拿大的职业病是由省或地区补偿委员会核实并接受的病例。

加拿大的工伤补偿制度是省级规定的，它是一个垄断性的国家基金，豁免某些行业，如牙科和银行业。由于加拿大每个省和地区都有自己的工伤补偿委员会，因此不同司法管辖区的劳动力覆盖率和薪酬范围各不相同，导致数据差异较大。例如，2007 年，89.6%的加拿大工人获得了工人补偿，因此有资格被计算在

内。这种覆盖率在曼尼托巴省低至 69.5%，在西北地区和努纳武特高达 100%。

4. 澳大利亚

2009 年，澳大利亚通过了《职业安全卫生法》（WHS），以制定更为统一的职业安全卫生条例。这个《职业安全卫生法》是州和地区司法管辖级别职业安全与健康立法的基础。在《世界卫生组织组织法》的框架内，澳大利亚各州具有自己的管辖权。澳大利亚安全工作署（SWA）是一个独立的政府机构，由工人和雇主组织、联邦、州和地区政府的代表组成，负责汇编职业安全和健康数据，并依据工伤补偿索赔数据、调查数据和其他数据库生成统计数据。SWA 将工伤定义为“由伤害立即显现的单一创伤性事件造成的”，将疾病定义为“由重复或长期暴露于某种药剂或事件造成的”。澳大利亚统计局每 4 年进行一次工伤调查（WRIS），这是一项专门的调查附着在每月多用途住户调查（MPHS）中。MPHS 旨在提供劳工、社会和经济专题，并与每月劳动力调查一起进行（LFS）。LFS 基于大约 27000 户的多阶段样本。它排除了某些非私人住所（如大学生住所）、军人、海外外交人员、海外居民和某些地区的人。WRIS 自述伤害包括所有非致命伤害。在过去 12 个月内的某个时间工作的人员的工伤；不包括致命的工伤或疾病。2013~2014 年，WRIS 对私人住宅的回复率约为 77%。关于职业伤害的非致命性赔偿数据与通过调查方法获得的数据不同。例如，来自事故赔偿公司（ACC）的数据仅包括已接受的严重伤害索赔，这些索赔涉及导致一周或更长时间不上班的伤害。

SWA 提供了澳大利亚与工作有关的死亡人数的最完整的统计数据，其估计数来自工伤补偿数据、死因数据库、死亡报告和媒体，包括无偿的志愿者、澳大利亚领土和水域内的军队以及外出工作的人员。澳大利亚的死亡人数曾经包括工伤补偿数据中报告的通勤人员死亡人数；然而，由于多年来提供通勤补偿数据的司法管辖区较少，通勤人员死亡人数不在范围之内。在澳大利亚，死亡包括由他人活动造成的伤害，如工作场所的暴力。自杀则不包括在 SWA 死亡数据中。

5. 新西兰

WorkSafe 是新西兰的职业安全与健康监管机构，自 2013 年以来，直履行工业部门的健康和安全监管职能。新西兰统计局作为该国的职业安全与健康数据管理机构，为监管职能部门提供伤害和疾病数据。数据来源包括工伤索赔和雇主和雇员通过电话或在线通知向 WorkSafe 提交的监管报告。职业安全与健康研究由健康研究理事会、政府机构提供资金资助，大学和其他政府合作机构由其他来源提供资金。新西兰统计局根据世界卫生组织《国际疾病分类》（ICD-10）第

10 次修订版对伤害进行了定义，其中不包括职业伤害疾病。ICD-10 中的疾病是指由于长期接触工作环境而导致的包括职业性过度使用综合征。

新西兰统计局主要使用事故赔偿公司（ACC）的监管报告和赔偿数据提供工伤统计数据。工伤数据一般分为严重伤害结果指标（SIOIs）、严重伤害数据和索赔。健康专业人士通过 ACC 提出索赔，自动向职业病系统呈报，为其他专门数据库提供了主要的职业病数据来源。SIOIs 由新西兰统计局开发，与严重伤害数据和赔偿索赔相结合，生成致命伤害统计和严重非致命伤害统计。严重危害数据必须报告给工作安全部门。2015 年新颁布的《健康与安全法》重新定义了"严重伤害"一词，包括应呈报的伤害或疾病。它涵盖了非急救治疗的伤害或疾病，包括身体任何部位的截肢、严重头部损伤、严重眼部损伤、严重烧伤、组织分离（如脱套）、脊柱损伤、身体功能丧失和严重裂伤。此外，受伤导致住院治疗、需要在 48 小时内接受治疗的物质接触以及符合某些标准的严重感染都被纳入了新的法定伤害和疾病定义中。

6. 英国

依据 1974 年《工作中的健康与安全等法案》英国成立了健康与安全执行局（HSE）和健康与安全委员会。HSE 既是职业安全卫生数据管理者，又是监管者，接受英国国家统计局（ONS）定期审查。作为英国国家统计局独立的执行机构，ONS 负责审查和评估职业安全与健康数据管理者。英国职业安全与健康数据收集系统最全面，使用数据源，如索赔、监管报告、调查医疗专家报告的数据和其他专门用于疾病监测的数据库。英国按受访者和数据来源分别定义伤害、疾病。疾病和工伤是工人自我报告的，而职业病是由医生诊断的。HSE 数据源根据其所包括的伤害的严重程度进行分类，严重程度从轻微、严重到致命。每一个数据源都是按优先权进行评级的，并根据危害的性质进行选择。例如，肌肉骨骼疾病的首选数据源是调查数据，尽管其他来源，如全科医生根据健康和职业报告进行的医疗报告网络，也可以使用。

最受欢迎的数据来源之一是伤害、疾病和危险事件规章的报告系统（RIDDOR），作为一种法律监管系统，雇主和其他具有法律地位的负责人必须向 HSE、地方当局和铁路管理办公室（如果是铁路事故）报告某些工作场所事故。"责任人"一词的定义取决于事故类型、工人的受伤状况和工人的就业状况。负责人不按照 RIDDOR 的规定报告是刑事犯罪。RIDDOR 报告的病例范围包括致命和非致命工伤、职业病、危险事件和某些气体事故。对于与工作有关的死亡和伤害，而不是气体事故，需要符合三个标准才能将案件纳入 RIDDOR 的范围：①必须发生

事故导致伤害；②事故必须与工作有关；③事故必须导致可报告的伤害类型。RIDDOR 规定，所说的事故是一种可识别的意外事故，会造成人身伤害。对于归类为工作相关的事故，必须将其与工作活动或诸如工作现场条件不足、机械问题和接触有害物质等因素联系起来。可报告的伤害由各种法规定义，包括死亡、特定伤害、7 天以上丧失工作能力和住院治疗。根据 RIDDOR 的规定，不可报告的事故包括通勤事故（如与工作有关的旅行），与海运、民用和空中航行有关的事故以及武装部队成员的事故。2011 年，安全条例进行了审查，建议对其活动不会对他人造成潜在伤害的自营职业者给予特别豁免，这一豁免于 2015 年获得通过并生效。从事建筑等高风险工作活动的个体劳动者，仍然必须报告其受伤情况。在自己的场所工作时受伤的自营职业者无须报告，但如果他们确实报告，它们将被统计进公布的数据中。因工死亡的个体户必须由工作场所负责人负责上报，除非自雇者在自己的场所死亡。HSE 开展了两项特别调查，一项侧重于工作场所伤害，另一项侧重于工作场所疾病，与劳动力调查一块进行的，其样本包括约 38000 个家庭，1/4 家庭做出答复。两个特别调查模块由 ONS 设计、开发、管理，工伤调查提供了对工作场所伤害的人口统计学和就业相关特征的估计，补充了 RIDDOR 的数据。工作场所疾病调查收集自我报告的疾病，并试图得到无法通过其他来源解释的疾病的信息。研究表明，对自我报告的与工作有关的疾病进行的仔细调查基本上是可靠的，并且在没有其他来源的情况下提供了有效的信息（Jones et al.，2013）。

7. 荷兰

荷兰社会事务和就业部（SZW）下属的监察机构负责监督规章制度的遵守情况。非营利的荷兰应用科学研究组织（TNO）代表 SZW 负责 OSH 研究，与荷兰中央统计局联合发布 TNO 数据。在荷兰，职业伤害来源于事故报告（事故称为瞬时事件），而职业病则由职业医生报告并由荷兰职业病中心（NCvB）统计。TNO 是一个独立研究机构，主要负责管理三项独立调查：雇主劳工调查（WEA）、自营职业劳工调查（ZEA）和荷兰工作条件调查（NEA）。这些调查从雇员和雇主那里收集了大量与劳动有关的信息，包括工作条件方面的数据。

WEA 是一项针对约 24000 家至少有两名员工的营利和非营利机构的调查；在这些机构中，约 5500 家在 2014 年做出了回应。自营职业者单独纳入 ZEA。ZEA 样本包括约 24000 名个体经营者和独立企业主，其中约 6000 人在 2017 年做出了回应。NEA 是一项家庭调查，与 WEA 和 ZEA 同时进行，每年从员工那里收集工伤数据。

8. 德国

德国联邦劳动和社会事务部对联邦职业安全与健康研究所（BAuA）具有监督职能。BAuA 致力于将科学纳入政策和企业实践。德国每个州都设有劳动监察局，负责监督和执行职业安全卫生立法，并与意外保险机构和监察人员合作。德国法定工伤赔偿事故社会保险，称为德国法定事故保险（DGUV），是德国职业安全卫生监督体系的重要组成部分，也是职业安全卫生数据的主要来源。德国职业安全卫生数据来自国家和各州统计局，由 BAuA 发布。

在德国统计数据中，"事故"指瞬间事件；职业病由医生裁决，并在德国法定的职业病清单中列出。职业安全与健康数据收集的范围由德国工伤补偿制度确定，该制度已经实施了一个多世纪。来自 100 多个不同来源的工伤和职业病数据由工伤补偿管理机构编制各种统计数据和指标。德国的工伤保险制度的对象范围比典型的工伤补偿制度更为广泛，覆盖德国公司雇用的工人和在德国接受教育期间的全过程（从幼儿园到大学）。志愿者和献血者也受 DGUV 保护，因此可纳入统计范围。

德国可报告事故被定义为涉及死亡或丧失工作能力导致 3 天以上离开工作岗位的工伤。DGUV 数据中的死亡事故包括"在审查年度内和事故发生后 30 天内"发生的事故。在学校或上下学途中导致医疗救治或死亡的事故也被区分并纳入可报告的事故数据中。通勤事故包括在德国工伤补偿制度下。

有赖于有效的职业安全和健康监测系统才能产生高质量数据。数据的收集方式取决于一个国家的基于职业安全卫生体系和卫生和工伤补偿制度的法律框架，覆盖一个国家大部分人口的工伤补偿制度（通常是联邦制系统）在收集某些类型的数据方面有优势，特别是关于职业病和潜伏期长的疾病的信息（Tedone，2017）。调查方法通常使用固定的调查周期很难达到目的，与纵向方法不同，这类方法不会随着时间的推移跟踪工人。然而，调查方法可以有效地收集在一个国家的立法和设计范围内的许多类型的职业安全卫生数据。例如，在英国和荷兰，针对工人而不是雇主的调查可以有效地得出通常难以收集的信息，如疾病数据。比较国际职业安全卫生数据具有挑战性，因为各国职业安全卫生制度及其相关范围存在差异，受不同法律法规的管辖。例如，劳工统计局统计了所有可记录的伤害案例，但仅提供了至少一天不上班的案例的详细数据。非致命病例统计所需的非工作时间因国家而异。在日本和德国，这一时间是 4 天或 4 天以上；在英国，这一时间是 7 天以上。即使是死亡事故，范围也有很大区别，如何统计私人和公共工作者、通勤是否与工作有关以及如何统计自营职业者等。由于这些差异，只有在仔细协调和解释范围之后，才能在聚集度更高的行业或职业进行跨国比较（Wiatrowski，2014）。

9. 欧盟

欧盟（EU）为欧盟成员国制定了工作最低安全和健康要求。这是通过职业安全与健康指导性框架实现的。该框架既适用于私营部门雇员，又适用于公共部门雇员，但不包括武装部队和警察。欧盟统计局（Eurostat）负责提供统计数据，以便在欧盟国家和地区之间进行比较。欧盟统计局公布统一的工伤事故数据，这些数据是根据《欧洲联盟运行条约》第153条在欧洲工作事故统计项目下收集的。自1991年以来，欧盟的欧洲管理发展基金会每5年进行一次欧洲工作条件调查（EWCS）。EWCS是一项独立的家庭调查，提供了超过35个欧洲国家的工作条件信息，包括欧盟和非欧盟成员国。2015年EWCS样本包括约44000户家庭，通过面对面访谈进行调查；符合条件的受访者是那些符合最低年龄要求且在访谈前一周至少工作一小时的人。EWCS广泛地涵盖与劳动相关的主题，包括就业、薪酬和与工作相关的健康。

许多发展中国家工作条件恶劣且缺乏有效的工伤预防措施，导致职业病和工伤事故发生率居高不下。不幸的是，发展中国家没有可靠的工伤统计数据。虽然一个发展中国家人体工程学数据库已经建成，但其中关于发展中国家工作场所伤害的信息还很有限（Shahnavaz，1987）。

第三节　我国的职业伤害事故统计与工伤保险数据

一、职业伤害事故统计

工伤事故又称作职业伤害、工作伤害、劳动事故，是指劳动者在从事职业活动或者与职业责任有关的活动时，所遭受的事故伤害和职业病伤害。狭义上专指雇员在工作时间、工作场合、因工作原因所遭受的人身伤亡的突发性伤害事故。广义上除了事故伤害，还包括职业病伤害。《中华人民共和国国家标准：企业职工伤亡事故分类（GB 6441-86）》中将“伤亡事故”定义为“企业职工在生产劳动过程中发生的人身伤害、急性中毒”。

工伤事故统计（狭义上），也称伤亡事故统计，是关于事故数据资料的收集、整理、分析和推断的科学方法，即统计方法在事故问题研究中的应用，包括伤亡事故次数和伤亡人数统计、伤亡事故分类统计、伤亡事故统计分析等。职业病统计，包括职业病定义与分类、职业病调查、职业病统计指标与分析指标等。

我国在工伤事故统计中，按照《企业职工伤亡事故分类》（GB 6441－1986）将企业工伤事故分为20类，分别为物体打击、车辆伤害、机械伤害、起重伤害、触电、淹溺、灼烫、火灾、高处坠落、坍塌、冒顶片帮、透水、放炮、瓦斯爆炸、火药爆炸、锅炉爆炸、容器爆炸、其他爆炸、中毒和窒息及其他伤害等。

各行各业工作场所伤害是常见的，从过去的工伤事故中吸取教训对于预防将来的工伤事故的发生率和降低工伤事故的严重程度是至关重要的，但是缺乏准确的工伤数据信息阻碍了这一努力。当这些不充分、偏低的事故估计数被用作国家决策的依据时会导致采取不恰当的预防措施。为了能更精确地估计工伤事故率，学者们都进行了很多尝试。

二、国内职业伤害事故统计现状

1. 我国相关规定

根据《中华人民共和国劳动法》第五十七条的规定，国家建立伤亡事故和职业病统计报告和处理制度。县级以上各级人民政府劳动行政部门、有关部门和用人单位应当依法对劳动者在劳动过程中发生的伤亡事故和劳动者的职业病状况，进行统计、报告和处理。第五十七条中的“依法”，主要指《中华人民共和国矿山安全法》《企业职工伤亡事故报告和处理规定》《特别重大事故调查程序暂行规定》，以及原劳动部发布的《企业职工伤亡事故报告和处理规定》《特别重大事故调查程序暂行规定》《企业职工伤亡事故统计报表制度》《职业病报告办法》等。

我国由各级劳动部门逐级上报。目前只要求上报工伤死亡和重伤。单纯的轻伤事故只报告到企业负责人和企业安全技术部门。根据我国原劳动部办公厅1993年发布的《企业职工伤亡事故统计报表制度》的有关规定，将受伤职工歇工一个工作日以上者作为工伤登记标准。工伤可分为致死性和非致死性。对于致死性工伤，我国规定职工在负伤后30天内死亡的，按死亡事故报告统计。在我国的居民病伤死亡登记系统中尚无明确列为工伤的记录项（金如锋和夏昭林，2001）。

近年来《中华人民共和国刑法》中的瞒报事故罪条律增设、《国务院办公厅关于严肃查处瞒报事故行为坚决遏制重特大事故发生通报的通知》的发布以及《生产安全事故报告和调查处理条例》的实施，都表明了政府严厉打击瞒报谎报事故违法犯罪行为的决心和力度，但在安全生产事故的报告、调查和处理过程中，瞒报事故的违法行为不仅难以禁绝，反而手段越来越隐蔽，性质越来越卑劣，涉及行业领域越来越多，参与瞒报行为的主体越来越多样化甚至组织化，造成极坏的社会影响。2017年原国家安全生产监督管理总局颁发了《对安全生产领域失信行为开展联合惩戒的实施办法》（安监总办〔2017〕49号）的通知，生产经营单位及其有关人员存在包括瞒报、谎报、迟报生产安全事故的失信行为的均被纳入联合惩戒对象。

对工伤保险制度中的工伤的范围及其认定，早在1996年我国原劳动部发布的《企业职工工伤保险实行办法》已经做出了明确规定。目前工伤认定以《工伤保险条例》为准。

2. 我国职工伤亡统计存在的问题

目前我国的企业职工伤亡事故统计体系尚未与国际接轨，主要表现在以下三个方面：

（1）统计指标。安全生产领域的统计，各国注重的是结果统计，我国则是结果统计和非结果统计并存。

我国现行的事故统计，指标过于简单，尤其是缺少国际通用的一些重要指标，如“受伤人数”“损失工作日”等绝对数指标，“伤害频率”“伤害严重度”等相对数指标均未列入统计指标，致使统计分析工作无法深入。然而其他非结果统计，如执法统计、职业卫生统计等指标繁多，尤其是某些指标无统计意义。

（2）统计方法。各种统计调查方法构成统计调查体系。长期以来，我国的职业伤害和疾病统计调查体系是以全面报表制度为基础，适当辅之以普查、抽样调查、重点调查、典型调查。《中华人民共和国统计法》规定，建立一个以周期性普查为基础，以经常性抽样调查为主体，以必要的统计报表、重点调查和综合分析等为补充的统计调查体系。要实现这个目标，就不能过分依赖全面定期统计报表，抓紧建立抽样调查制度，确立抽样调查的主体地位。2014年原国家安全生产监督管理总局对26个省份开展职业病防治状况评估，就是采取的抽样调查方法并取得了良好效果，是统计观念转变和统计方法转变的积极尝试。

事故统计是法定的最重要的结果统计，可采取定期和不定期统计相结合，以抽样调查为主、统计报表为辅的方法，把事故统计做深做细。其他统计多数是辅助性的非结果统计，统计方法灵活多样，几乎可完全由普查、抽样调查、重点调查、典型调查等来取代，这样的数据会更准确效果会更明显，没必要采取统计报表方式。安全生产各项统计，即使采取统计报表方式，统计周期也应在现有基础上大幅延长。

（3）统计范围。原国家安全生产监督管理总局的事故统计范围过大，不仅包括了企业职工伤亡事故，还包括了农业、行政事业单位和社会团体的职工伤亡事故，甚至将交通运输事故也一并统计在内，并且合并分析，这种分析工作没有意义。

在国际劳工组织年度统计公报中，因我国属于未遵循《职业事故和职业病的记录与通报实用规程》的国家，除职工死亡总数外，其他数据均不被承认，即其他伤害数据是空白。要想让我国的统计数据获得国际劳工组织的承认，需要在统计方面进行改革。

3. 我国企业职工伤亡事故统计体系改进的思考

我国企业职工伤亡事故统计体系改革的最终目标，应是遵循国际准则，借鉴先进国家成熟做法，按照我国法律法规的合理规定，结合我国实际，深入改革统计体系，逐步实现与国际完全接轨。可以借鉴美国、英国、日本等先进国家的经验，其意义有两点：

第一，有利于做国家间的横向比较研究。只有将主要的统计指标调整到与其他国家一致，才能对统计结果做对比分析，这有助于认识我国职业伤害水平在国际上所处的位置，以及预防管理水平之不足。由于没有相同的指标和统计口径，目前国内外相关对比研究的可信度不高，特别是不用“工时”一类的通用指标进行比较，许多问题不可能说清楚。

第二，可采取抽样调查、重点调查、典型调查等多种方式，取得专项的、重要的统计资料，作为报表统计制度的延伸和深化，每年或几年调查一次。

经过国际劳工组织长期研究和完善，以及许多国家多年实践的检验，国际通行的职业伤害统计方法具有很高的科学性、实用性，但如何与我国实际相结合，做出顶层设计和总体规划，分步实施，稳步推进，以下因素还应引起重视：一是要有足够的时间。一个完整的统计体系，需经多年建设和完善。美国的职业伤害统计调查从20世纪初开始，至今已有100多年历史，但精密的统计调查是1970年《职业安全卫生法》颁布后，1972年才开始全面改革的，用了20年时间。同样，英国这个过程用了22年（1974~1996年）。二是要有足够的人员。美国劳工部劳工统计局人员高达2500人，占劳工部人员总数的1/3，工作人员专业齐全，涉及经济学、统计学、计算机科学和数学等各种必需专业。三是要有足够的经费。美国劳工部劳工统计局每年经费预算高达7亿美元，职业安全卫生监察局约4.5亿美元预算中，用于伤害和疾病统计的工作经费约3500万美元。2011年我

国原卫生部等9部门联合开展职业卫生状况调查，财政部一次性拨专款近8000万元人民币，但仍由于经费不足等原因，调查结果并不理想。

4. 我国工伤保险职业伤害统计数据

中国工伤保险制度是社会保险的一种。早期主要集中在国有企业和规模较大的企业；从2004年开始，政府重点推进了职业伤害风险高的行业（企业矿山、建筑施工和危险化学品、烟花爆竹、民用爆破器材生产等）参加工伤保险，明确要求重点将农民工纳入工伤保险中。在改进了覆盖的均衡性的同时，全国参加工伤保险人数也不断增加。工伤保险中的工亡事故涉事企业和职工家属两方，通常会积极报告工亡数据，以便于申报补偿，工伤保险管理机构也会依照法律程序进行认定，这些能较好地保证我国工伤保险统计数据的全面性和准确性。2019年中国城镇就业人数为44247.0万人；截至2020年底，全国工伤保险参保人数为2.68亿人，约占中国城镇就业人数的六成（郑秉文，2021），已构成全球最大规模的工亡率统计群体。所有职业伤害情况都经过专门的认定机构确认，通过历年《中国劳动统计年鉴》和国家人力资源和社会保障部网站，得到2011~2019年各省份统计数据。

工伤保险基础统计数据较为齐备和翔实，分为人员信息、企业信息、登记信息（认定业务类别、伤害程度、伤害部位、工伤类别、事故类别、事故发生时间、职工死亡时间、事故发生地点、非法用工类型）、受理信息和认定结论信息几大类。数据逐年更新，具有收录量大、字段较齐全、较具连续性的优点，有较好的专业研究价值。

第四节　职业伤害统计瞒报漏报与科学评估研究

经过国际劳工组织长期研究和完善，以及许多国家多年实践的检验，国际通行的职业伤害标准报告流程和统计方法具有很高的科学性、实用性，但是统计结果并不能反映实际情况，需要采用科学的方法进行专业化的分析评估，力图揭示真实情况。在此拟对全球职业伤害和疾病统计中出现的瞒报漏报现状进行专门研究。

一、国外职业伤害瞒报漏报问题

为应对职业事故和职业病瞒报现象，巴西社会保障局（INSS）出台了新的职业事故和职业病鉴定办法。除了《就业事故通知》（CAT）外，2007年还建立了技术流行病学——社会福利关系（NTEP）。这项工作旨在分析NTEP在改善有关工作相关疾病的信息方面的作用（Salim，2014）。自应用NTEP进行事故及对工人健康影响的识别以来，INSS采集的数据逐步上升，2007年9个月上升了14.8%。发放的福利数量增加了4.3%，从2006年的400万增加到2011年的480万。随着NTEP的出现，与职业相关的疾病的数量也在增加（Sá and Fernandes，2014）。

20世纪90年代以来，日本的工伤事故瞒报问题也日渐突出，被检察院书面送检的瞒报责任人逐年增加。因而，采用各种可能的手段发现瞒报现象的存在，并依法进行处理以及制定更可行的防范措施，这也是日本劳动行政部门重点整治的内容之一。如果雇主不依法向劳动基准监督署报告事故或进行与事故事实不符的虚假报告的，便构成了“隐瞒事故”。厚生劳动大臣、地方劳动局长或劳动基准监督署长将命令相关单位或人员如实报告情况或出面接受调查。瞒报问题一经查实，就会因干扰正常的工伤保险制度秩序、牺牲工伤职工合法权益、触犯劳动安全卫生法而受到处理，即被处以50万日元以下的罚款，情节严重的还要被检察院书面送检。如果是工伤职工本人故意隐瞒事故不报的，一经查出后也要追究其雇主的责任并对该雇主实施处罚。有过不良记录的单位不仅会因被媒体曝光使信誉受损，而且会在今后的市场竞争中处于非常不利的境地。

尽管有上述事故报告的法律规定及罚则，但进入20世纪90年代以来，日本的事故瞒报现象却表现得越发严重（见表3-1）。仅风险较大、重大灾害事故多发的建设行业，在2001~2003年的工伤隐瞒率就从60%上升到80%，在2007年被送检的140例瞒报中该行业占据了60%。

表3-1　因瞒报事故被检察院书面送检的件数趋势

年份	1998	1999	2000	2001	2002	2003	2004	2005	2006	2007
件数	79	74	91	126	97	132	132	115	138	140

资料来源：隐瞒事故的送检事例［EB/OL］.［2008-09-30］. http：//WWW. mhlw. go. jp/general/seido/ roudou/ rousai/4. html.

瞒报工伤事故的最直接影响是严重地侵犯了工伤职工或其亲属享受工伤保险待遇的合法权利，破坏了社会保险制度和安全管理制度的严肃性，造成了恶劣的社会影响。在1990~2000年，共发生了约58万起将工伤职工处理成医疗保险制度的受益者的案例，不仅造成了近40亿日元的额外个人负担，而且还导致了207亿日元医疗保险金的非正常支出。

然而那些受雇于中小企业且未加入医疗保险的工伤职工则很难有获得医疗救治或赔偿的保证，由于有的不顾企业授意而申请工伤保险待遇的工伤职工遭到解雇，因而更多的弱势职工为了保住饭碗不得不忍受身心受到的伤害。显然，事故瞒报的另一个恶果是劳资关系的不断恶化。

二、职业伤害数据的科学评估方法

从理论上讲，计算工亡案件应该很简单，因为工作原因与伤害之间的联系通常是明确的，对于累积一段时间后发展成损伤性疾病，这种联系就不太明显，如与动力设备振动有关的背部受伤、与重复动作有关的上肢损伤等。大多数发达国家和一些发展中国家的常规数据系统将纳入覆盖范围的严重的和致命的工伤员工和行业的情况进行了统计（Concha - Barrientos et al.，2004；Driscoll et al.，2004）。与发展中国家相比，发达国家的工伤数据一般更为完整，当然也有很多发达国家的工伤职业病数据不够完整准确，如何对这些缺失值进行估计与替代成为关键。由于缺乏许多国家的准确数据，因此要求借助劳动力的数据或其他国家的数据加以推算。另外，在所有伤害类型统计数据中，最完整的是职业伤害数据，由于工亡数与轻重伤数之间存在一定的关系，于是工亡数据也成为各国估计轻重伤害数的基础。

1. 一国劳动力各部门之间伤害率的外推法

这种方法主要用于一个国家的范围内，在一国常规报告系统中收到的报告病例数据仅与该系统覆盖的这部分劳动力有关。如果知道系统覆盖的工人数量，伤害率就可以计算出来。然后用这个伤害率推算出全体员工的工伤人数。这种方法已为之前的多个估算中运用，前提是假设纳入常规报告系统的劳动力的伤害率类似于不包括在常规报告系统内的劳动力伤害率。在大多数情况下，很少或根本没有信息来证实或驳斥这一假设。然而，来自常规报告系统的伤害率可能低估了未涵盖的劳动力伤害率。因为许多从事高风险职业或行业的自营职业者通常不在此范围之内。即使常规报告系统并不是建立在工伤补偿的基础上，这些工伤率高的行业通常因报告质量差而不被纳入常规报告系统中。通过外推到这些特定的行业其瞒报漏报的影响在某种程度上得以降低，但这并不总是可行的，仍可能导致低估伤害率。此外，许多欠发达国家的工人以非正式或不稳定的身份工作，官方劳动力估计数不连续（Giuffrida et al.，2002）。因此，由已知部分劳动力外推出全部劳动力的比率是合理的方法，但可能会导致低估。同样外推方法也适用于职业病，问题在于其适用于更大的范围，因为其不确定性比工伤更大，可能还有更多的变化。

2. 国家间伤害率的外推法

为了估计缺乏有效数据的国家或地区（本书中的“地区”指同一地理区域内的一组国家）的工伤和职业病的伤害率，国家间伤害率的外推法是用与该国有相近经济结构、生产方式和工作文化且报道工伤数据比较完善的几个国家的平均值进行替代（Probst and Graso，2011）。

然而，当一个国家或地区的伤害率被外推到另一个国家或地区的人口时，前文提到的在一个国家内进行外推的风险被放大了。因为各国的就业模式可能会有所不同。这意味着，即使某一特定风险群体（某个行业或某种职业）在这两个国家的发病率相同，外推也可能导致对工伤和职业病的伤害率的估计有相当大的偏差。如果可能的话，这使得在特定行业的基础上推断伤害率显得尤为重要。

在这方面还存在不同国家、地区的工伤案例判定标准的差异，一些国家或地区的工伤包括上下班途中交通事故死亡，有些包括通勤死亡以及合并疾病数据和伤害数据，各个国家、地区伤害覆盖的范围可能存在差异。

3. 职业病死亡

疾病死亡是一个重大的问题，因为它们是受多种因素影响导致的，因此很难判断个案是否归因于职业。这就需要运用流行病学方法，特别是人群归因危险度（PAR）方法来加以确定。

4. 发病率与死亡率

在全世界范围内的所有估计大多依赖工亡率数据而不是发病率数据，因为后者往往比较缺乏。然而，发病率数据很重要，因为许多职业伤害和职业病都不是致命的。PAR 方法仍然可以用于多因素疾病，以估计归因于职业而不是死亡人数的事件（发病率）病例数，但这首先需要估计事件总数。在缺乏现有发病率数据的情况下，可以利用病死率来实现。很难比较非致命事件职业病病例的相对负担，因为每种疾病的 PAR 和病例数不能真正地进行有意义的比较。

在许多发达国家包括澳大利亚、加拿大、芬兰、新西兰和美国等都进行了相关尝试。一般使用验尸官的数据统计了工伤死亡人数，用归因风险估计疾病死亡人数。根据工伤的定义，工伤包括在工作场所、道路交通和上下班途中交通事故，所有估计都使用了工作场所伤害数据，大多数估计用到道路交通伤害数据，还有一些使用了通勤伤害数据。但很少估计明确由职业风险引起的疾病与疾病恶

化之间的差别。

尽管各国估计出的绝对数存在很大差异，但是职业病死亡占所有工亡的百分比都是相似的，从83%到96%不等。适用于统计中有这些数据的国家，通勤死亡占所有职业伤亡的14%（新西兰）（Driscoll et al.，2004；Langley et al.，2001；Feyer et al.，2001）至26%（澳大利亚）（Driscoll et al.，2001）。

三、全球职业伤害水平评估实践

全球工伤和疾病评估实践是最近二十多年才开展起来的。世界卫生组织曾首次估计职业伤害负担（Leigh et al.，1996；1999）。随后国际劳工组织（ILO）有部分专家进行了全球致命职业事故估计。

Takala（1999）估计1996年有33.5万人死于“职业事故”。这一估计是通过用报告的工亡人数除以各国的总就业劳动力的比例；对于伤害率缺失的国家，就从相似或可比国家的伤害率数据与该国（地区）的就业数据计算得到；用国家层面的伤害率而不是特定行业的伤害率进行推算；死亡数据来自1985~1995年的不同年份；一些国家记录中包括通勤死亡人数和疾病死亡，但大多数国家没有这个数据。

Takala（2000）使用了与他1999年的研究中相同的工亡估计数，但使用了归因风险估计疾病死亡的方法。他使用与Leigh等在1997年的研究中相同的PAR方法并将其应用于世界劳动年龄人口，Takala估计有992445人死于职业病。

Takala等（2012）在其最近的估计中，与Hämäläinen和其他同事合作，再次使用归因风险法来估计职业病死亡，这一次仅运用在区域性研究而不是全球范围。归属分数取自Nurminen和Karjalainen（2001）的芬兰研究，并根据特殊条件和地区情况进行了一些小的修改。这些PARs按年龄和性别应用于2000年全球疾病负担项目的总体疾病死亡估计中（Murray and Lopez，1996），估计有190万人死于职业病，远远高于此前的疾病估计，是因为加入了传染病以及病毒和细菌感染工亡人数（估计32万人），这个数字是心血管疾病工亡人数的2.5倍，癌症工亡人数的50%以上。癌症的发生率也比以前更高，因为统计的雇员的年龄更大，一些PARs也与以前使用的有所不同。总体估计给出上下限，除了传染病，所有其他疾病的范围是相当小的。最终工亡人数为1920086~2328934人。

全球工亡的最新估计来自CRA（临床监察员）项目。这项工作是作为世界卫生组织（WHO）全球疾病医疗负担项目的一部分，其中将可比较的全球风险和诱因数据放入一个通用模型中来估计由七大类26个危险因素组成的不良健康负担（Ezzati et al.，2002）。出于对数据的可得性的考虑，仅用五种职业风险因素而排除其他因素。这些职业风险因素包括职业致癌物、空气传播风险、噪声、人体工程学压力源和导致受伤的风险。Nelson 等（2005）对职业结果作了总结综述，Concha-Barrientos 等（2004）在 WHO CRA 中的职业章节有更为详尽的论述。职业性的致癌物、空气接触和伤害风险因素导致的伤害估计为每年 85 万人工亡。使用有可用数据的国家的数据并将其外推到其他没有足够的数据的国家后估计受伤人数为 31.2 万人。这些伤害率包括了工作道路上的死亡人数，但不包括通勤死亡人数。大多数疾病死亡是使用 PAR 方法估计的。根据相关流行病学研究估计相对风险，结合国家或地区就业数据和从特定国家或地区推断的风险数据估计流行率和强度。

四、全球工亡率评估

致命职业事故数是基于 2014 年 ILOSTAT 中报告的三个主要经济部门事故数据的成员国的致命事故发生率（每 100000 名工人的死亡人数）为基础进行估计。①农业：包括农业、渔业和林业；②工业：包括采矿、制造、能源生产和建筑数据；③服务业。

对于缺少致命职业事故数据的国家，替代数据来自采用了世界卫生组织经济区划的相关国家。世界卫生组织将收入和卫生结构相似的国家列入世界卫生组织七个司，分别用 HIGH 表示高收入国家；AMRO 表示非洲区域中低收入国家、美洲中低收入国家；EMRO 表示东地中海区域中低收入国家；EURO 表示欧洲区域中低收入国家；SEARO 表示东南亚地区中低收入国家；WPRO 表示西太平洋地区中低收入国家。

最新的全球估计是由国际劳工组织（ILO）的几个下属机构（ILO/ICOH/新加坡和芬兰的部委和研究所/EU）联合做出的。2017 年的最新调查结果是根据 2015 年的数据估计有 278 万人死亡（工伤和职业病），而 2011 年这个数值为 233 万人。

如表 3-2 所示，2014 年，有 38.05 万人死于职业伤害，比 2010 年增长了 8%。非致命性职业伤害的数量估计为 3.74 亿，比 2010 年显著增加，与以前的估计数相比，采用了更高的少报估计数。自 1998 年以来，致命职业伤害的比率有所下降。

与全球情况相比，欧盟 28 国心血管和循环系统疾病占 48%，癌症占 53%，而职业伤害（2.4%）和传染病（2.5%）合计占不到 5%。另外，在非高收入国家和地区，职业伤害的比例要高得多。例如，在以中国为主的西太平洋地区，职

业伤害占所有致命伤害和疾病的17%（Hämäläinen et al.，2017）。

表 3-2　1998~2015 年全球职业伤害事故和致命职业病趋势统计

年份	工亡		工伤[a]		职业病死亡人数
	人数	占比[b]（%）	人数	占比[b]（%）	
1998	345436	16.4	263621966	12534	—
2000	—	—	—	—	2028003
2001	351203	15.2	268023272	12218	—
2002	—	—	—	—	1945115
2003	357948	13.8	336532471	12966	—
2008	320580	10.7	317421473	10612	2022570
2010	352769	11.0	313206348	9786	—
2011	—	—	—	—	1976021
2014	380500	11.3	373986418	11096	—
2015	—	—	—	—	2403965

注：a 表示缺勤 4 天以上的工伤事故；b 表示 10 万劳动力职业伤害事故数。

资料来源：笔者根据 Hamalainen 等（2017）的研究整理。

Concha-Barrien 等（2005）发表了较新的全球估计数。他们估计，每年大约有 31.2 万起致命的意外职业伤害发生。Hämäläinen 等（2006，2007）估计，每年大约发生 200 万起致命的职业病和职业事故（345000 起致命职业事故和 160 万起职业病）。他们还估计每年发生 2.63 亿起职业事故，造成至少旷工 4 天。

Hämäläinen（2009）从地区和国家两个层面描述了全球职业事故和致命性职业病的发展趋势。这一估计趋势是基于对职业事故和与工作有关的致命疾病的全球估计数的三项独立研究。这次估计的方法类似于 Hämäläinen 等（2006，2007）所用到的方法。

全球疾病负担项目是在这样一个公平的基础上来估计卫生负担的。然而，这种标准化也会限制可用于特定领域分析的方法，减少而不是增加有效性的结果估计。

第五节　本章小结

国际劳工组织制定的《职业事故和职业病的记录与通报实用规程》为各成员国提供了较好的路径；在全球范围内，国际劳工组织有收集和公布全球事故数和事故发生率的职能，但大约只有 1/3 的国家可以获得合理可靠的数据并报告，因此，要想获得全球整体乃至各国的精确估计数是非常困难的一件事情；在实行工伤保险制度的国家，尤其是工伤保险覆盖面比较广的国家，其工伤保险数据是伤害事故统计的主要来源。在国际劳工组织年度统计公报中，相关数据均不被《职业事故和职业病的记录与通报实用规程》承认，未能进入年度报告中。

由于各国职业伤害和疾病统计中出现的瞒报漏报较为普遍，应该采用科学的评估方法来研究职业伤害数据。最近进行的评估使用改进后的方法，结论可能更为准确。WHO CRA 的估计似乎适用于有限的职业暴露和条件包括在内，但主要低估了全球与工作有关的死亡总人数。下一步要改进之处应该是使用不同的方法和改进本地数据的可用性和使用。

鉴于我国工伤和职业病数据报告不充分的困境，拟依据我国工伤保险数据体系，作为替代数据来源加以解决目前数据空缺，作为本书的支撑基础。在此基础上，拟对我国宏观数据与国内主要经济发展指标之间的关系运用面板回归和面板门槛回归等方法做探索性研究。

第四章　我国职业伤害分布及水平测算研究

第一节　工亡率分布研究

一、泰尔指数方法

泰尔指数是广义熵（GE）指标体系的一种特殊形式，最初由泰尔用来计算国家间的收入差异，之后被广泛应用于研究不同层次区域的收入差异和其他指标差异。泰尔指数最大的优点在于可以将区域间的总体差异分解为组内差异和组间差异两部分，从而为观察和揭示组内差异和组间差异各自变动的方向和变动幅度，以及各自在总差异中的重要性及其影响提供了方便。泰尔指数为 0~1，数值越小，说明地区差异越小；数值越大，则说明地区差异越大。参考 Bourguignon（1979）和 Shorrocks（1980）对泰尔指数及其结构分解的方法论述，将职业伤害率（工亡率、重伤率、轻伤率）的泰尔指数及其结构分解的测算公式确定如下：

$$T = \sum_{i} \left(\frac{D_i}{D}\right) \ln\left(\frac{D_i/D}{X_i/X}\right) \tag{4-1}$$

$$T_{ai} = \sum_{i} \left(\frac{D_{ji}}{D_j}\right) \ln\left(\frac{D_{ji}/D_j}{X_{ji}/X_j}\right) \tag{4-2}$$

$$T_a = \sum_{j} \left(\frac{D_j}{D}\right) T_{ai} \tag{4-3}$$

$$T_b = \sum_j \left(\frac{D_j}{D}\right) \ln\left(\frac{D_j/D}{X_j/X}\right) \tag{4-4}$$

其中，T 为职业伤害率（工亡率、重伤率和轻伤率）总体泰尔指数；T_a 代表区域内部职业伤害率（工亡率、重伤率和轻伤率）泰尔指数，T_b 代表区域间职业伤害率（工亡率、重伤率和轻伤率）泰尔指数，反映区域间职业伤害率（工亡率、重伤率和轻伤率）差异；D 代表全国职业伤害人数（工亡人数、重伤人数和轻伤人数）；D_i 代表第 i 省职业伤害人数（工亡人数、重伤人数和轻伤人数）；D_j 代表第 j 区域职业伤害人数（工亡人数、重伤人数和轻伤人数）；i 为省份，下文计算取值为全国 31 个省份（不包括香港、澳门、台湾）的数据，边界值为 1～31；j 代表区域，下文取值是东部、中部、西部 3 区域，边界值是 1～3；D_{ji} 代表第 j 区域中的第 i 省份的职业伤害人数（工亡人数、重伤人数和轻伤人数）；X 代表全国工伤保险参保人数；X_i 代表第 i 省工伤保险参保人数；X_j 代表第 j 区域工伤保险参保人数；X_{ji} 代表第 j 区域中第 i 省工伤保险参保人数。

为进一步研究区域间差异和区域内差异对总体差异贡献的大小，分别定义区域内贡献率和区域间贡献率，C_a 代表区域内贡献率，为区域内泰尔指数与总体泰尔指数的比值，反映区域内差异对总体差异的影响，如公式（4-5）所示；区域间贡献率为区域间泰尔指数与总体泰尔指数的比值，用 C_b 表示，如公式（4-6）所示；C_j 代表各子区域的贡献率，为加权后各子区域的泰尔指数与总体泰尔指数的比值，反映各子区域差异对总体差异的影响。

$$C_a = \frac{T_a}{T} \tag{4-5}$$

$$C_b = \frac{T_b}{T} \tag{4-6}$$

$$C_j = \frac{D_j}{D} \times \frac{T_{ai}}{T} \tag{4-7}$$

二、工亡率泰尔指数分布研究

数据主要来源于国家人力资源和社会保障部网站和历年《中国劳动统计年鉴》《中国统计年鉴》。工伤保险系统中，用于度量职业伤害的主要指标有一至十级伤残统计和工亡统计，本书运用工伤保险制度统计中的年度工亡人数除以年度工伤保险参保总人数，得到当年十万人工亡率，作为工亡率指标进行分析。工亡率可较为直观地反映职业伤害水平，国际上已有相当多的国家采用这类统计数据，这也使得研究结论有较好的国际可比性。

对工亡率数据进行筛查，发现2008年四川的数据86.83存在异常，原因是2008年5月12日（星期一）14时28分，四川汶川发生强烈地震，截至2008年9月18日12时，共造成69227人死亡，17923人失踪。地震发生正值工作日，按照规定，参加工伤保险的员工因自然灾害导致的职业伤害可申请职业伤害补偿，这就造成该年度四川工亡率急剧上升，也影响到全国工亡率。四川省2008年工亡人数剧增到4034人，与其前后年份数据（2007年630人，2009年932人）存在巨大差异，达到了前一年工亡人数的6倍多，同时导致2008年全国工亡数据达19483人，与2007年数据12675人相比有一个较大幅度的上升，所以有必要对四川省2008年工亡人数进行插值处理。在此针对该工亡人数，运用缺失点处的线性趋势法得到替代数据840，而相应的2008年全国工亡人数也做相应调整，由19483人下调到16289人，其工亡率由原来的14.13下调到11.81，四川省工亡率替代数据调整为18.08，这些数据将用于下文做进一步分析。

从变化趋势来看，2006~2016年全国工亡率（系工伤保险来源数据，下同）变化特征分为两个阶段（见图4-1）：2006~2010年呈现上下波动上升阶段，低点在2007年的10.41，高点在2010年的12.05；在2011年及以后呈现较明显的下降趋势，下降到2016年的10.25。整体呈现波动变小、数值明显下降的走势。

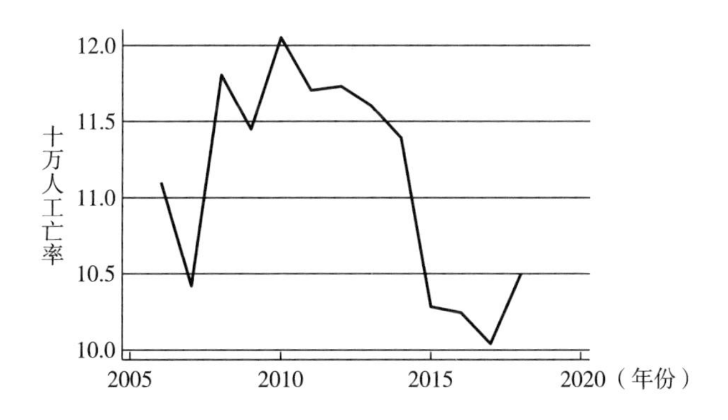

图4-1 2006~2016年全国工亡率趋势

资料来源：笔者整理。

考虑到经济社会发展水平的差异，将全国（不含香港、澳门、台湾，下同）划分为东部（北京、天津、河北、辽宁、上海、江苏、浙江、福建、山东、广东、海南）、中部（山西、吉林、黑龙江、安徽、江西、河南、湖北、湖南）和西部（广西、云南、四川、重庆、贵州、西藏、陕西、甘肃、青海、内蒙古、宁夏、新疆），对这三大地区的工亡率进行比较研究。由图 4-2 可以看出，相较而言，西部地区工亡率始终保持最高水平，除了 2006~2008 年存在波动状态外，其余年份的水平呈现逐渐降低的趋势，2016 年降低到 13.77，这个水平接近中部地区的最高水平 13.87；中部地区工亡率排在第 2 位，呈现起伏动荡状态，波动区间为 10.31~13.87，2013 年后呈现下降趋势，相对 2015 年，2016 年下降更明显；工亡率水平最低的地区是东部地区，且 2006~2016 年来变化不大，先有略微上升后逐渐下降趋势，在 8.68~10.15 波动，最低点为 2015 年的 8.68。

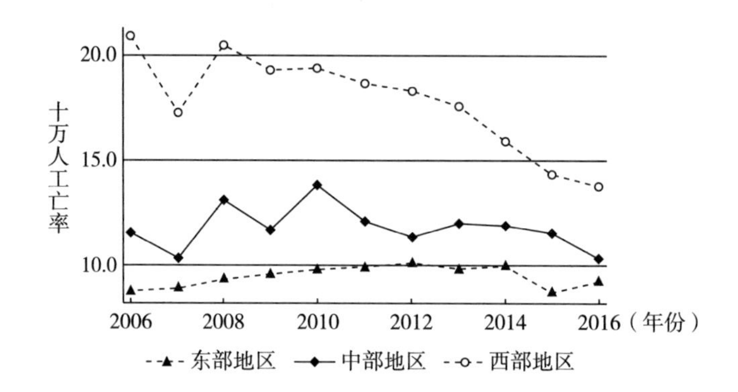

图 4-2　2006~2016 年我国东部、中部、西部地区十万人工亡率变化

资料来源：笔者整理。

观察 2006~2016 年各省份的情况（见图 4-3），可以得到如下结论：多数省份工亡率水平较为稳定，如上海、江苏、浙江等；有的省份呈现缓慢下降趋势，如山西、重庆、贵州；有的省份稍有上升，如西藏（2006 年和 2007 年西藏无统计数据，按缺失值估计）；个别省份数据在上下起伏中变动较大，不太稳定，如青海；另外，个别省份如四川省在 2008 年有一个巨大跃升，经过前述奇异值处理，数据走向变得平缓了。

三、历年来我国地区工亡率差异测算

1. 全国工亡率总体差异测算及结果分析

测算 2006~2016 年全国 31 个省份的工亡率总体泰尔指数，结果如表 4-1 所示。通过测算结果可以看出，我国工亡率地区差异较为明显。最大和最小地区差异分别出现在 2007 年和 2014~2016 年，泰尔指数分别为 0.18 和 0.06。总体来看，差异由强到弱的趋势明显。

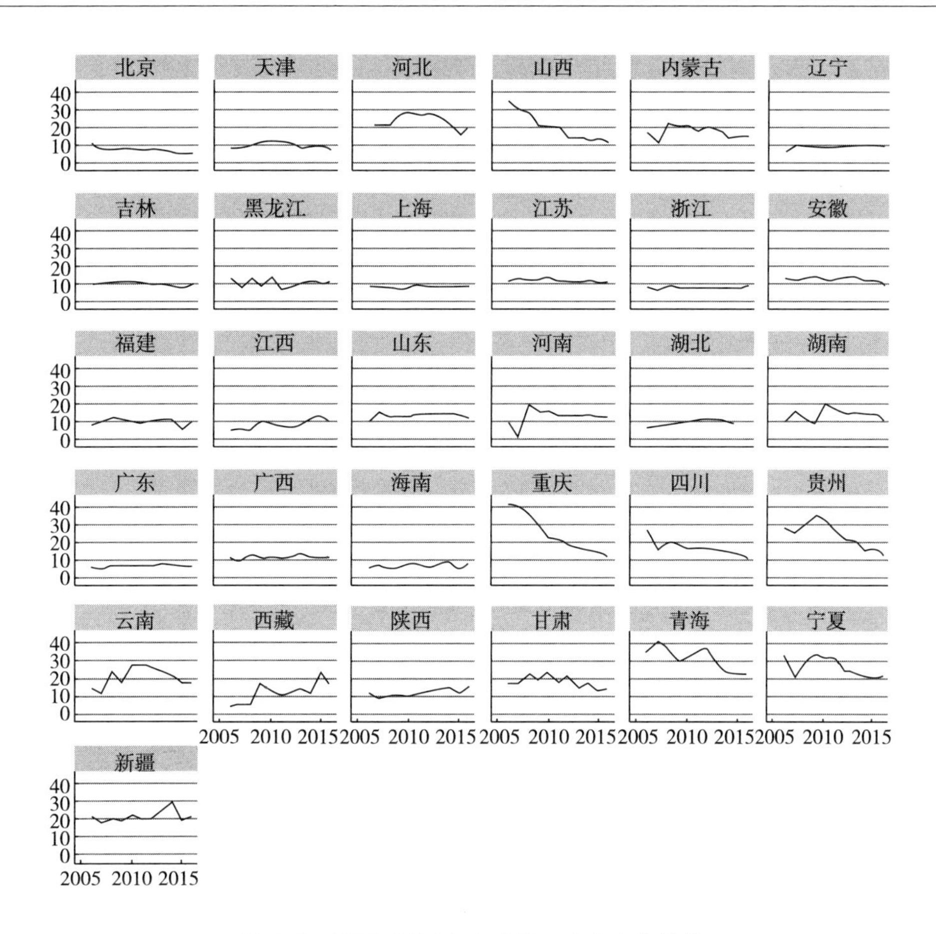

图 4-3　2006~2016 年各省份工亡率变化趋势

资料来源：笔者整理。

表 4-1　2006~2016 年全国工亡率的泰尔指数

年份	工亡率泰尔指数	年份	工亡率泰尔指数
2006	0. 16	2012	0. 10
2007	0. 18	2013	0. 08
2008	0. 12	2014	0. 06
2009	0. 12	2015	0. 06
2010	0. 13	2016	0. 06
2011	0. 11		

资料来源：笔者整理。

图 4-4 直观描述了泰尔指数的演变态势。

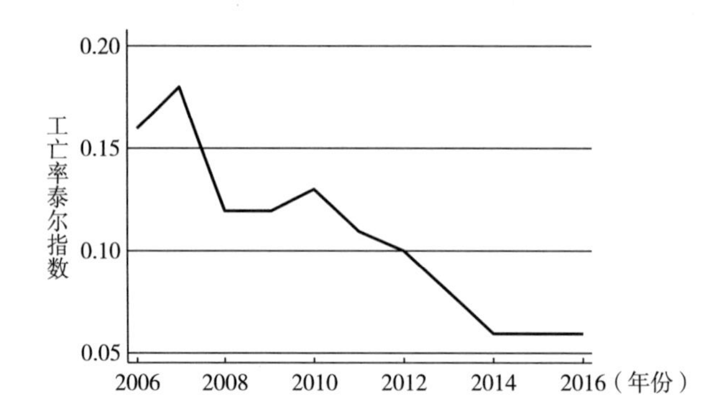

图 4-4　2006~2016 年全国工亡率泰尔指数的演变趋势

资料来源：笔者整理。

2. 东部、中部、西部地区差异的三区域分解

考虑到我国是一个人多地广的大国，各地经济社会发展水平存在着较大的差异，故将全国划分为发达的东部地区、发展中的中部地区和欠发达的西部地区，对三大地区的工亡率进行比较研究。由图 4-5 可以看出，西部地区工亡率始终保持最高数值，但除了 2008 年的工亡率是 36. 6，其余年份的水平呈现逐渐降低的趋势，2016 年降低到 13. 77；中部地区工亡率排在第二位，呈现起伏动荡状态，波动区间在 10. 31~13. 87；工亡率水平最低的地区是东部地区，且 2006~2016 年来变化不大，在 8. 68~10. 15 波动。

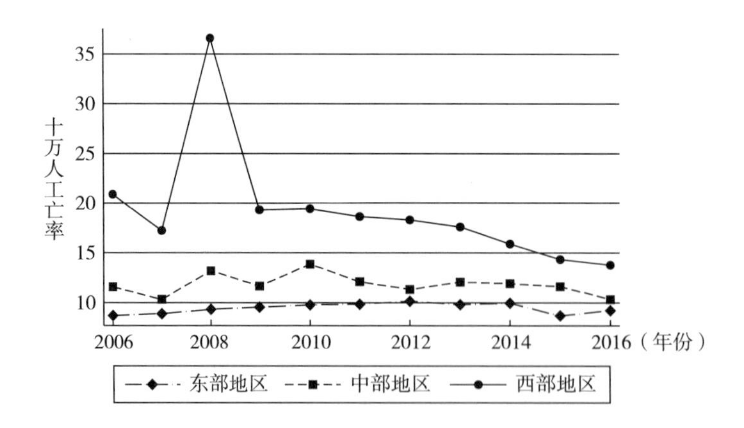

图 4-5　2006~2016 年东部、中部、西部地区工亡率

资料来源：笔者整理。

测算工亡率的东部、中部、西部区域内和区域间的泰尔指数及其泰尔指数贡献率，得到工亡率泰尔指数演变趋势如图 4-6 所示。从三大地区泰尔指数来看，2008 年之前的工亡率泰尔指数起伏波动都比较大，特别是中部地区（2007 年）有一个波峰出现，相比较而言，东部地区则较为平缓。2009 年之后的东部、中部、西部地区的泰尔指数起伏变化不大，都有逐渐下降的趋势。

除 2006~2007 年外，东部地区泰尔指数均大于中部、西部地区，其次是西部地区，中部地区 2009 年后处于较低水平。说明东部地区工亡率差异最大，而中部地区最小。

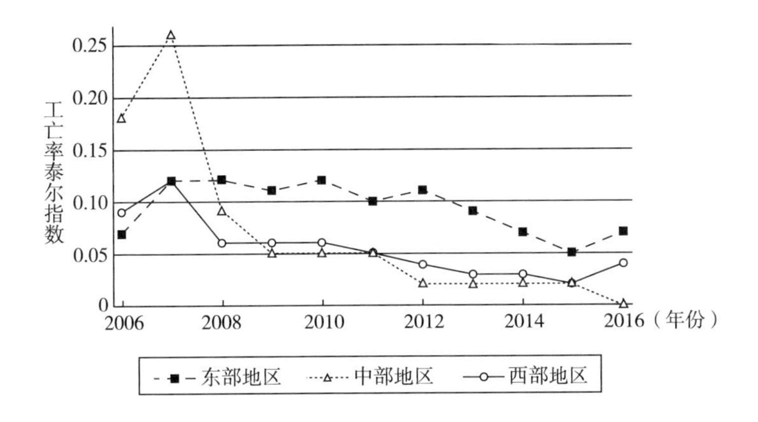

图 4-6　东部、中部、西部工亡率泰尔指数演变趋势

资料来源：笔者整理。

从三大区域泰尔指数对全国泰尔指数的贡献率来看（见表 4-2），东部地区泰尔指数介于 0. 23 ~ 0. 63，中部地区介于 0. 02 ~ 0. 28，西部地区介于 0. 08 ~ 0. 17，除了 2006 年与中部地区的贡献率持平，其他年份都是东部地区贡献率最大，其次是西部地区（除了 2006~2008 年），中部地区贡献率最小。这说明东部地区工亡率差异对全国总体差异影响最大，其次是西部地区，最后是中部地区。

表 4-2　按东部、中部、西部划分的工亡率泰尔指数贡献率

年份	区域内	区域间	东部地区	中部地区	西部地区
2006	0. 62	0. 38	0. 23	0. 23	0. 16
2007	0. 81	0. 19	0. 37	0. 28	0. 17

续表

年份	区域内	区域间	东部地区	中部地区	西部地区
2008	0.90	0.10	0.55	0.18	0.14
2009	0.68	0.32	0.47	0.09	0.12
2010	0.71	0.29	0.49	0.10	0.12
2011	0.70	0.30	0.48	0.11	0.11
2012	0.72	0.28	0.57	0.05	0.09
2013	0.67	0.33	0.54	0.06	0.08
2014	0.74	0.26	0.58	0.05	0.11
2015	0.65	0.35	0.46	0.08	0.10
2016	0.79	0.21	0.63	0.02	0.14

资料来源：笔者整理。

从区域内与区域间泰尔指数看（见图 4-7），区域内泰尔指数介于 0.04~0.15，波动中呈缩小趋势，2015 年达到 0.04；区域间泰尔指数介于 0.01~0.06，总体呈收敛趋势，2016 年仅为 0.01。区域内泰尔指数大于区域间泰尔指数，这说明我国工亡率区域内差异远大于区域间差异。通过分解区域内工亡率差异，东部地区的平均贡献率 48.82%，形成区域内工亡率差异的主要原因，说明东部地区的北京、天津、河北、辽宁、上海、江苏、浙江、福建、山东、广东、海南 11 个省份之间存在较大的工亡率差异。

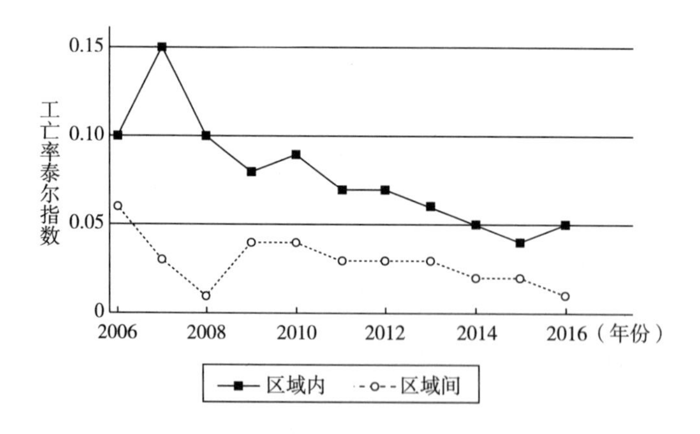

图 4-7　区域工亡率泰尔指数演变趋势

资料来源：笔者整理。

从区域内与区域间泰尔指数贡献率来看，区域内泰尔指数对总体贡献率在62%以上，其中2008年高达90%，这说明就目前划分的区域而言，工亡率区域内差异更大，区域间的差异相对不大，也就是中部、西部、东部的区域内管理水平的差异较区域间的整体差异要大。

第二节　工伤率分布研究

一、各省份工伤率趋势

研究数据主要来源于2006~2019年《中国劳动统计年鉴》。我国工伤保险中用于度量非工亡职业伤害的主要指标有一至十级伤残统计，细分为一至四级、五至六级、七至十级三个指标。这三个指标的历年变化如图4-8所示，总体趋势呈逐渐下降态势。

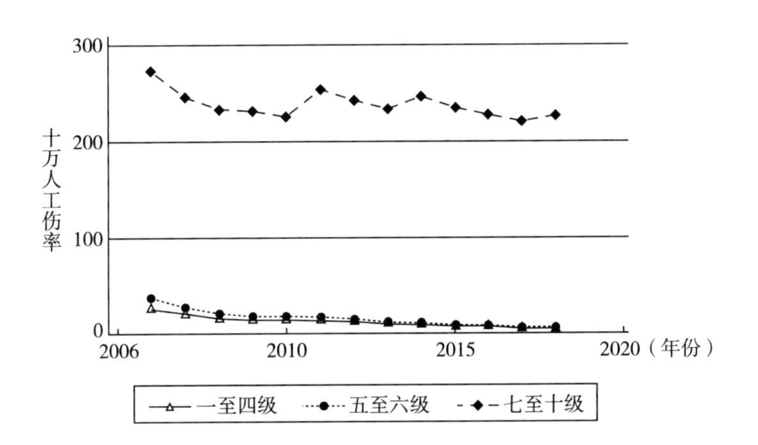

图4-8　2006~2018年全国工伤率趋势

资料来源：笔者整理。

运用这些指标除以年度工伤保险参保总人数，得到当年十万人伤害率（以下简称“伤害率”），作为非工亡职业伤害率指标进行分析。非工亡职业伤害率可较为直观地反映职业伤害水平，国际上已有相当多的国家采用这类统计数据，这也使得本书研究结论有较好的国际可比性。

由于2008年西藏才开始统计劳动能力鉴定情况，2006~2007年的一至四级工伤数据空缺。从2008年各地区工伤保险基本情况数据看，西藏的一至四级人数为2人，说明累计数据为2，为填补缺失值提供了线索，所以分别对2006年、2007年的一至四级工伤人数赋值为1，由2006年和2007年工伤保险参保人数分别为22657人和36771人，测算出的十万人工伤率分别为4.41、2.72。

观察2006~2016年各省份的变化（见图4-9），大致可以归为几种类型：多数省份一至四级工伤率水平较为稳定，几乎保持不变，如北京、广东、江苏、浙江、上海等；有的呈现缓慢下降趋势，如广西，其中有些省份稍有波动但总体趋势是下降的，如山西、贵州、重庆、云南、四川；有的省份先上升后下降，如西藏（西藏2006~2007年没有做这方面的统计，是估测数据）；个别省份数据在上下起伏中变动较大，不太稳定，如宁夏、新疆。

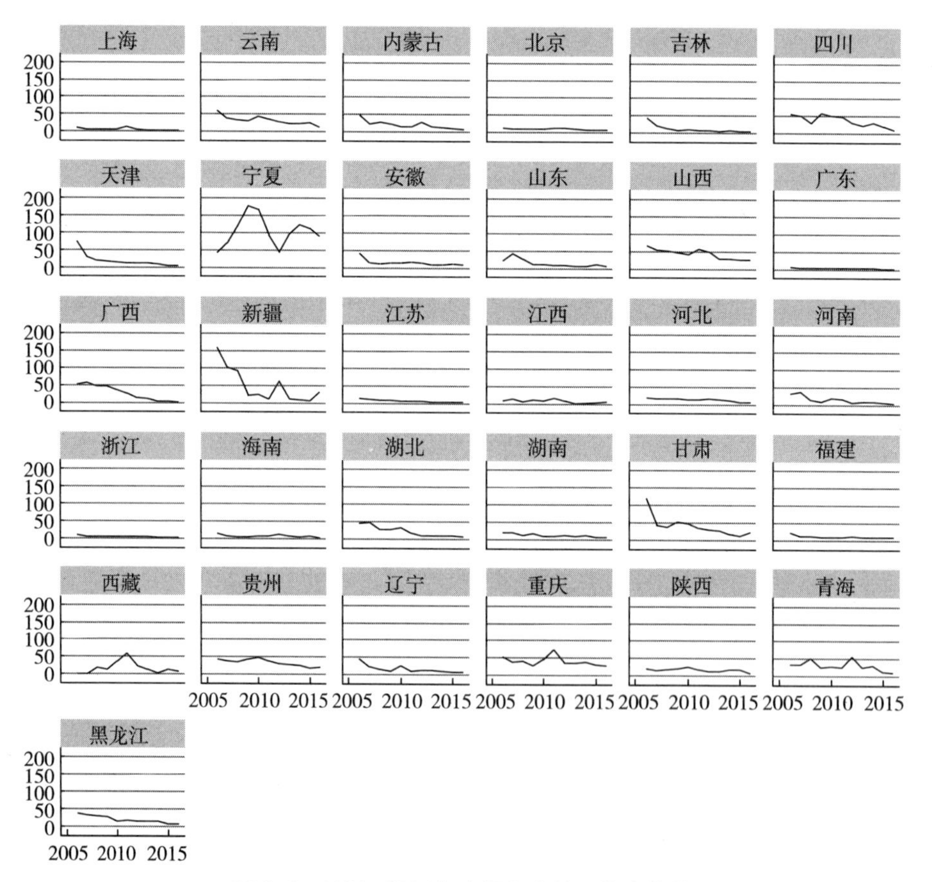

图4-9　2006~2016年全国各省份工伤率趋势

资料来源：笔者整理。

二、全国一至四级工伤率趋势

从变化趋势来看，全国一至四级工伤率变化特征总体上呈现不断下降趋势，按照下降幅度可分为三个阶段（见图 4-10）：2009 年之前下降幅度要急剧一些，2009~2014 年下降幅度较为平缓，2014 年后又呈现急速下降趋势。

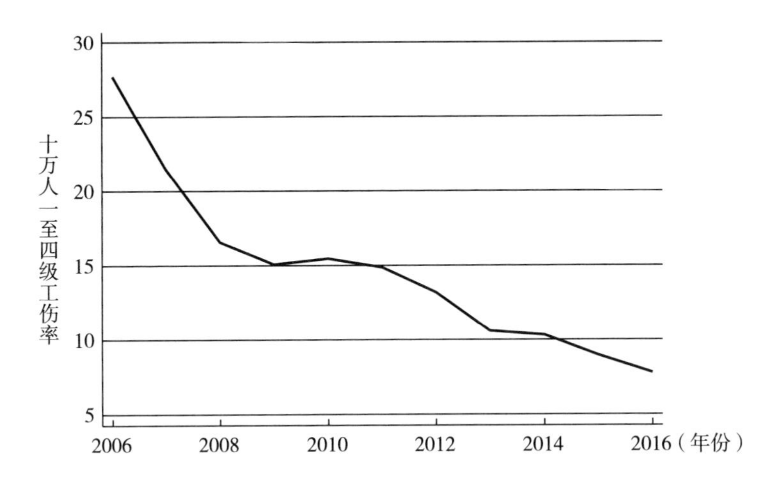

图 4-10　2006~2016 年全国一至四级工伤率趋势

资料来源：笔者整理。

考虑到经济社会发展水平差异，将全国划分为东部、中部和西部，对三大地区的一至四级工伤率进行比较研究。由图 4-11 可以看出，总体过程呈现下降趋势，西部地区一至四级工伤率持续保持最高水平，其次是中部地区，最后是东部地区；2008 年之前三地区都有一个急速下降的过程，之后东部地区变化较为平缓，中部地区略有起伏，西部地区有一个较大的回弹过程，2013 年后呈现下降趋势。

三、全国五至十级工伤率变化趋势分析

从变化趋势来看，全国五至十级工伤率变化特征可分为三个阶段（见图 4-12）：2010 年之前呈现下降趋势，2010~2014 年呈现上下波动状态，2014 年后又呈现下降趋势。

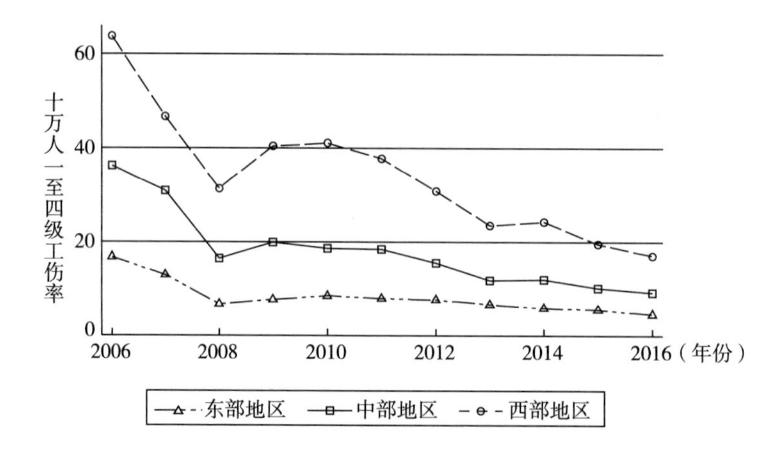

图 4-11 2006~2016 年我国东部、中部、西部地区一至四级工伤率变化

资料来源：笔者整理。

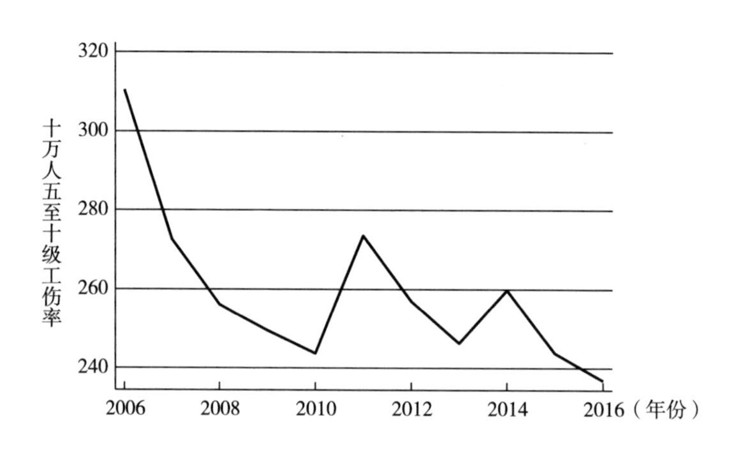

图 4-12 2006~2016 年全国五至十级工伤率趋势

资料来源：笔者整理。

考虑到经济社会发展水平差异，将全国划分为东部、中部和西部，对三大地区的五至十级工伤率进行比较研究。由图 4-13 可以看出，西部地区五至十级工伤率一直是最高的，但总体上呈现波动走低的趋势，到 2016 年低于东部地区值；中部地区总体上呈现波动走低的趋势，2011 年后五至十级工伤率是三个地区中最低的；东部地区变化较为平缓，先降低再调整回来，在 219.14~277.5 波动。

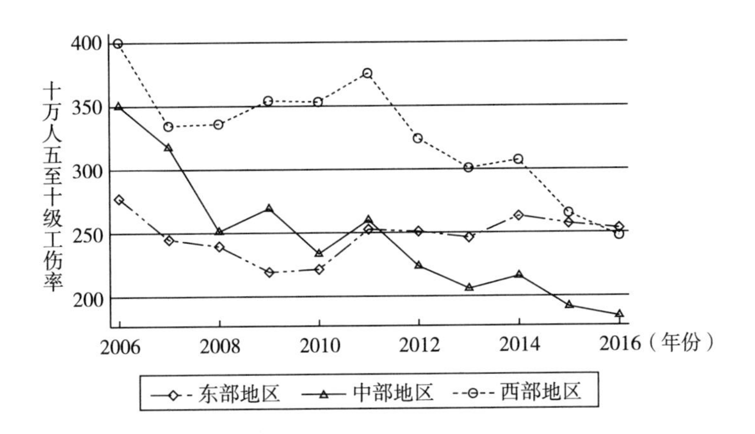

图 4-13 东部、中部、西部地区五至十级工伤率变化趋势

资料来源：笔者整理。

观察 2006~2016 年各省份五至十级工伤率的变化情况（见图 4-14），大致可以归为几种类型：多数省份五至十级工伤率水平较为稳定，几乎保持不变，如山东、福建、海南等；有的呈现缓慢下降趋势，如四川，其中有些省份稍有波动但总体趋势是下降的，如湖北、重庆；有的省份先上升后下降，如西藏（西藏 2006~2007 年没有做这方面的统计，是估测数据）；有些省份数据在上下起伏中变动较大，不太稳定，如黑龙江、青海、贵州。

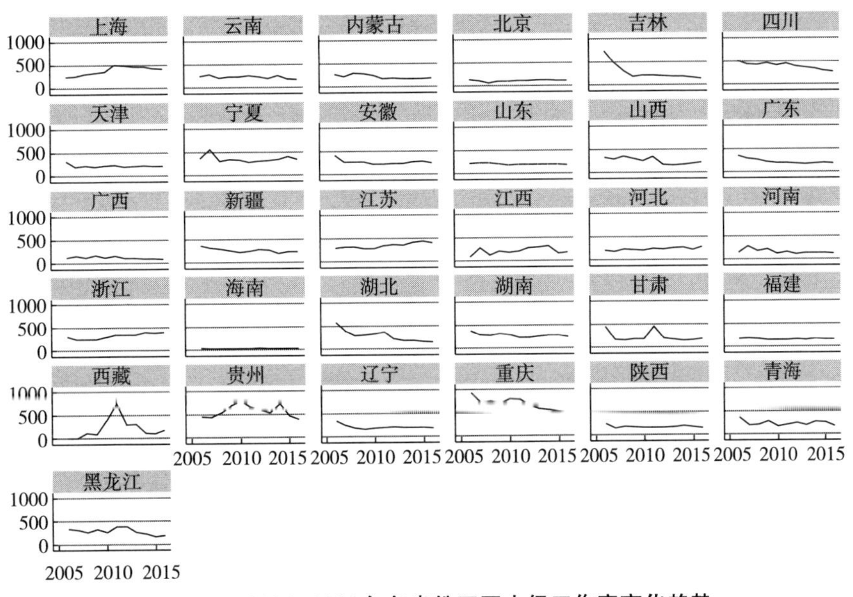

图 4-14 2006~2016 年各省份五至十级工伤率变化趋势

资料来源：笔者整理。

四、全国及地区非工亡伤害率差异测算

本小节将非工亡职业伤害细分为一至四级和五至十级进行研究。

1. 2006~2016 年我国一至四级工伤率趋势变化及其地区差异研究

（1）测算一至四级工伤率区域差异的泰尔指数模型。从前文研究可以发现，我国一至四级工伤率的整体趋势是明显的，不同年份各地区的一至四级工伤率之间的差异也很大，这对安全生产管理提出了更高的要求，必须面对不同地区的差异进行针对性的有效管理。在此对不同地区的一至四级工伤率差异进行研究。本书选择泰尔指数来衡量一至四级工伤率的区域差异。

（2）全国一至四级工伤率总体差异测算及结果分析。按照公式（4-1）测算 2006~2016 年全国 31 个省份的一至四级工伤率总体泰尔指数，结果如表 4-3 所示。图 4-15 直观描述了泰尔指数的演变态势。

表 4-3 我国一至四级工伤率的泰尔指数

年份	一至四级工伤率泰尔指数	年份	一至四级工伤率泰尔指数
2006	0. 35	2012	0. 32
2007	0. 34	2013	0. 29
2008	0. 37	2014	0. 31
2009	0. 38	2015	0. 33
2010	0. 37	2016	0. 35
2011	0. 36		

资料来源：笔者整理。

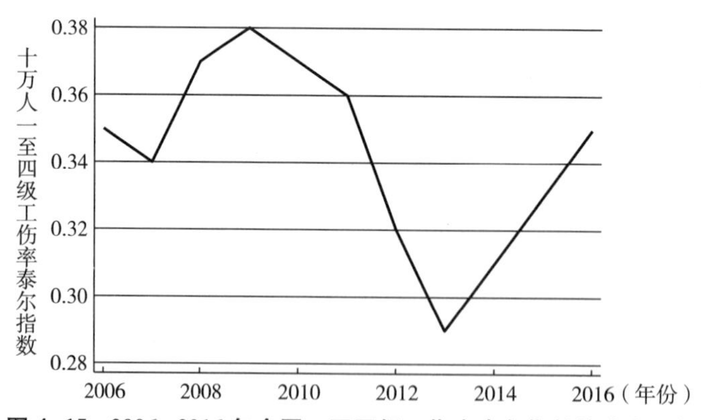

图 4-15 2006~2016 年全国一至四级工伤率泰尔指数的演变趋势

资料来源：笔者整理。

因西藏地区为缺失值状态，用点处的线性趋势法填补缺失值。通过测算结果可以看出：我国一至四级工伤率地区差异较为明显，变化区间在 0.29~0.38。最小和最大地区差异分别出现在 2013 年和 2009 年。

（3）东部、中部、西部地区差异的三区域分解。测算一至四级工伤率的东部、中部、西部区域内和区域间的泰尔指数及其泰尔指数贡献率，得到一至四级工伤率泰尔指数演变趋势如图 4-16 所示。从三大地区泰尔指数来看，一至四级工伤率泰尔指数起伏波动都比较大，特别是东部地区 2007 年有一个波峰出现。在三个地区中东部地区在多数年份的一至四级工伤率泰尔指数保持较高水平，说明东部地区一至四级工伤率差异最大，其次是西部地区，而中部地区最小，除 2012 年外中部地区保持最低水平。除西部地区外，东部、中部地区的泰尔指数都有逐渐收敛的趋势。

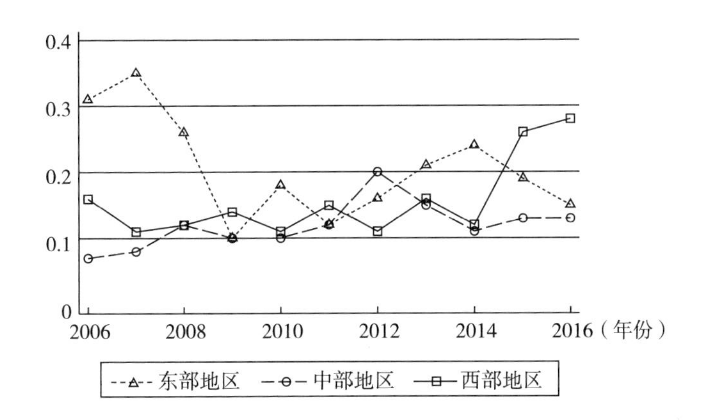

图 4-16　东部、中部、西部一至四级工伤率泰尔指数的演变趋势

资料来源：笔者整理。

从区域内与区域间泰尔指数看（见表 4-4），区域内泰尔指数介于 0.35~0.57，呈现先降后升的波动状态，2009 年 0.35 是波谷；区域间泰尔指数正好相反，先升后降，介于 0.43~0.65，2009 年 0.65 是波峰。在多数年份区域间泰尔指数大于区域内泰尔指数，这说明我国一至四级工伤率区域间差异远大于区域内差异（见图 4-17）。

表 4-4　按东部、中部、西部划分的一至四级工伤率泰尔指数贡献率

年份	区域内	区域间	东部地区	中部地区	西部地区
2006	0.54	0.46	0.31	0.07	0.16

续表

年份	区域内	区域间	东部地区	中部地区	西部地区
2007	0.55	0.45	0.35	0.08	0.11
2008	0.50	0.50	0.26	0.12	0.12
2009	0.35	0.65	0.10	0.10	0.14
2010	0.39	0.61	0.18	0.10	0.11
2011	0.39	0.61	0.12	0.12	0.15
2012	0.46	0.54	0.16	0.20	0.11
2013	0.51	0.49	0.21	0.15	0.16
2014	0.47	0.53	0.24	0.11	0.12
2015	0.57	0.43	0.19	0.13	0.26
2016	0.55	0.45	0.15	0.13	0.28

资料来源：笔者整理。

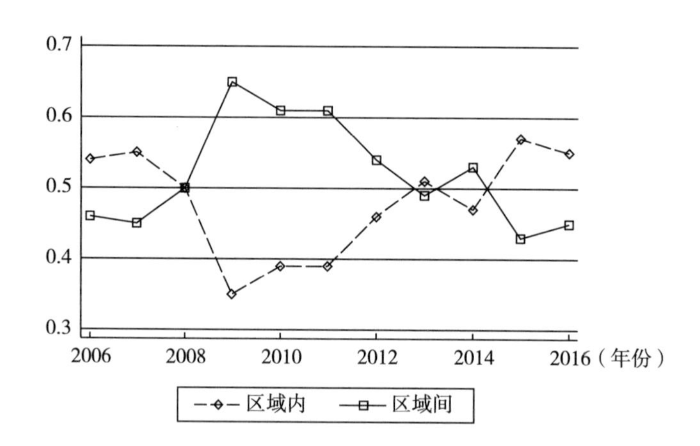

图 4-17　区域一至四级工伤率泰尔指数演变趋势

资料来源：笔者整理。

2. 2006~2016 年我国五至十级工伤率趋势变化及其地区差异研究

（1）测算全国五至十级工伤率区域差异的泰尔指数模型。从前文研究可以发现，我国五至十级工伤率的整体趋势是明显的，不同年份各地区的五至十级工伤率之间的差异也很大。在此对不同地区的五至十级工伤率差异进行研究。本书选择泰尔指数来衡量五至十级工伤率的区域差异。

（2）全国五至十级工伤率总体差异测算及结果分析。测算 2006~2016 年全

国31个省份的五至十级工伤率总体泰尔指数，结果如表4-5所示。图4-18直观描述了泰尔指数的演变态势。

表4-5　全国五至十级工伤率的泰尔指数

年份	五至十级工伤率泰尔指数	年份	五至十级工伤率泰尔指数
2006	0.09	2012	0.10
2007	0.06	2013	0.09
2008	0.07	2014	0.39
2009	0.07	2015	0.10
2010	0.09	2016	0.09
2011	0.10	—	—

资料来源：笔者整理。

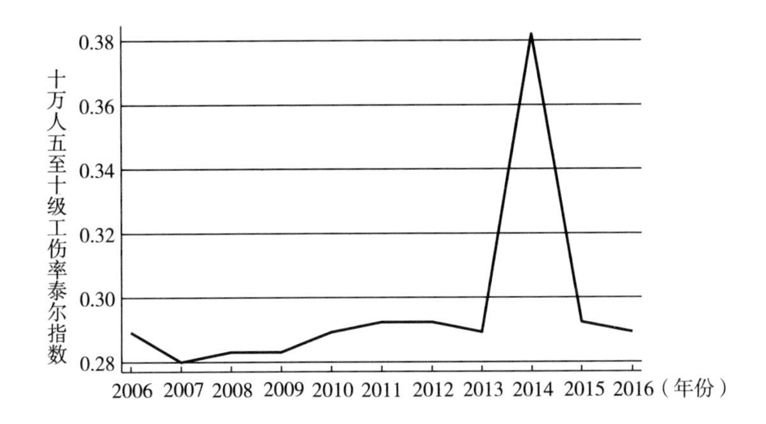

图4-18　2006~2016年全国五至十级工伤率泰尔指数的演变趋势

资料来源：笔者整理。

因西藏地区为缺失值状态用点处的线性趋势法填补缺失值，可得2006年和2007年五至十级工伤人数分别为205人和231人。

通过测算结果可以看出：我国五至十级工伤率地区差异较为明显，变化区间在0.06~0.39。最小和最大地区差异分别出现在2007年和2014年。

（3）东部、中部、西部地区差异的三区域分解。测算五至十级工伤率的东中西部区域内和区域间的泰尔指数及其泰尔指数贡献率，得到五至十级工伤率泰尔指数演变趋势如图4-19所示。从三大地区泰尔指数来看，五至十级工伤率泰尔指数，起伏波动都比较大，特别是东部地区2016年有一个波峰出现。在三个地区中东部地区在多数年份的五至十级工伤率泰尔指数保持较高水平，说明东部地区五至十级工伤率差异最大，其次是西部地区，中部地区最小，除2006年外中部地区一直保持最低水平。除东部地区外，中部、西部地区的五至十级工伤率泰尔指数都有逐渐收敛的趋势。

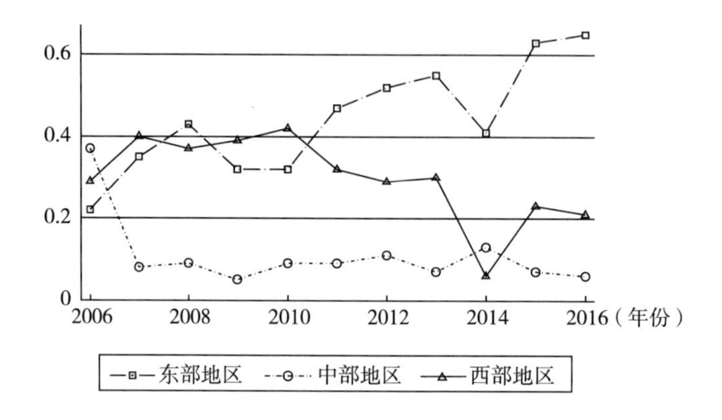

图4-19 东部、中部、西部五至十级工伤率泰尔指数的演变趋势

资料来源：笔者整理。

从区域内与区域间泰尔指数看（见表4-6），区域内泰尔指数介于0.60～0.93，呈现波动状态，2014年0.60是波谷；区域间泰尔指数介于0.07～0.40，2014年0.40是波峰。区域间泰尔指数均小于区域内泰尔指数，这说明我国5～10级工伤率区域内差异远大于区域间差异（见图4-20）。

表4-6 按东部、中部、西部划分的五至十级工伤率泰尔指数贡献率

年份	区域内	区域间	东部地区	中部地区	西部地区
2006	0.88	0.12	0.22	0.37	0.29
2007	0.83	0.17	0.35	0.08	0.40
2008	0.89	0.11	0.43	0.09	0.37
2009	0.76	0.24	0.32	0.05	0.39
2010	0.82	0.18	0.32	0.09	0.42
2011	0.88	0.12	0.47	0.09	0.32
2012	0.93	0.07	0.52	0.11	0.29

续表

年份	区域内	区域间	东部地区	中部地区	西部地区
2013	0.92	0.08	0.55	0.07	0.30
2014	0.60	0.40	0.41	0.13	0.06
2015	0.93	0.07	0.63	0.07	0.23
2016	0.92	0.08	0.65	0.06	0.21

资料来源：笔者整理。

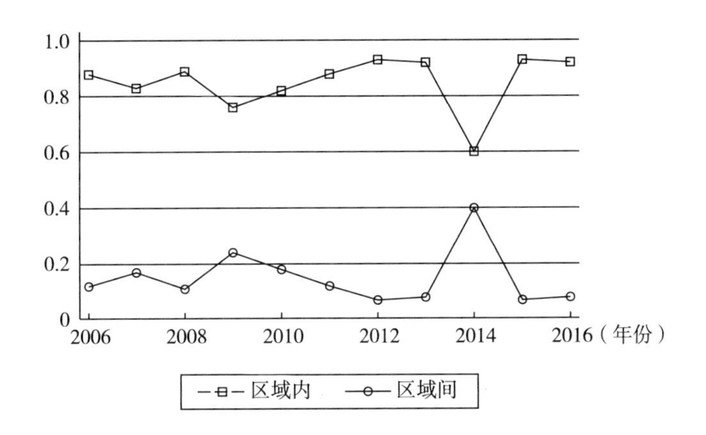

图 4-20　区域五至十级工伤率泰尔指数演变趋势

资料来源：笔者整理。

第三节　职业伤害风险水平测算及分布研究

一、职业伤害风险水平

所谓职业伤害风险水平，是基于职工在工作中所面临的工伤工亡（含职业病）风险水平，可衡量每个职工遭受伤害的可能性大小，它有别于通常的事故伤害数量统计。长期以来，由于缺少系统的职业轻伤、重伤和死亡统计数据，我国及各省份职业伤害风险水平尚未能进行系统的测算研究，影响到对我国及各省份职业伤害风险水平的全面统计分析，导致各级管理部门和学术界对职业伤害风险水平缺乏科学评估，政策的针对性不强，管理措施也不够精准得力，妨碍了职业伤害风险管理的顺利进行。系统的职业伤害风险数据可为安全生产风险评估、隐患排查、执法检查、事故调查和决策分析等业务提供重要的基础支持（李红臣，2017），当前亟须对我国各地职业伤害风险水平进行全面评估。

值得注意的是，我国工伤保险不断扩大覆盖面，在运行中已形成了非常难得的系列职业伤害数据，有明确的伤害程度分级指标和分地区连续的统计，弥补了国内其他相关统计数据的空缺，而国内目前还没能在安全生产方面进行充分运用。本书拟挖掘利用这一宝贵的数据系列资源，进行我国各省份职业伤害风险水平测算研究。故此，本书的学术创新大致可能体现在两点：一是在国内首次系统利用工伤保险中的职业轻伤、重伤和死亡统计数据，作为我国各省份所缺乏的替代统计数据；二是根据国情构建职业轻伤、重伤和死亡三者之间的职业伤害程度权重比例，进而试图测算各省份职业伤害综合风险水平。

二、工伤保险数据与职业伤害统计

根据国际劳工组织《职业事故和职业病的记录与通报实用规程》，各国政府统计职业伤害的相关指标应包括伤害总人数、损失工作日总数、伤害总起数；同时，四项职业伤害相对数指标包括伤害频率、伤害发生率、伤害严重度、平均每个伤害案例损失工作日数，应该进行系统披露（周慧文和刘辉，2018）。在实践中，由于各种原因，许多国家不能完全达到这样的要求，难以得到各国职业伤害的全面和准确数据。Stout 和 Bell（1991）发现美国职业伤害数据的不同来源之间存在差异，大致比较其完备率，其中工伤保险的记录比职业安全与健康管理局（OSHA）的准确率要高一些，分别是 57%、32%。尽管美国职业伤害统计经历了很长时期并相对完善，但工伤保险数据能够起到很好的统计与核对作用，有着较好的专业研究价值。Wergeland 等（2010）对挪威劳动监察部门工亡数据存在疑问，通过身份编号在社会保险部门和私人保险机构进行核对，发现工亡数据被低估了 44%。日本某些行业存在严重的工伤隐瞒情况，如日本建设行业工伤隐瞒率就从 60%上升到 80%（郭晓宏，2008）。为了获得更全面的统计数据，Helen 等（2017）运用计算机软件从劳动统计和职业伤害部门的事故调查分析报告中挖掘整理数据，建立职工伤害补偿数据库。

国内对于职业伤害水平的研究主要围绕工亡数据进行统计分析，而对全国范围的职业轻伤、重伤则因缺乏相关数据而在研究中基本未能涉及，导致对我国整体职业伤害风险水平缺乏全面的分析判断。邵志国和张士彬（2016）基于 2003~

2012年我国31个省份安全生产事故资料及经济社会统计数据，通过描述性统计分析方法，分析2003~2012年中国各省份安全生产事故发生次数、死亡人数和事故特征的动态变化趋势。刘祖德等（2013）经过测算我国目前工亡率为9左右，还从经济发展进程角度探讨了三大产业对GDP增长率的贡献，分析GDP增长率和十万人死亡率在同一工业化发展阶段的变化趋势。颜峻（2017）基于我国行业生产安全事故死亡人数及第二、第三产业就业人员数量等统计数据，研究工矿商贸就业人员十万人生产安全事故死亡率时间序列变化特征，发现我国工矿商贸行业十万人事故死亡率变化趋势具有明显的分阶段波动特征，事故死亡率序列均为趋势平稳过程。周建新等（2008）结合美国、日本、丹麦和英国四个工业化国家的相关统计数据分析，发现生产安全事故造成的死亡人数和受伤人数之间存在一个固定的比率关系，但是，由于我国统计数据遗漏空缺，无法直接得到这个比率值，只能通过估算得到。针对数据不足的情况，刘正伟（2017）建议，安全生产管理中应把大数据作为基础性战略资源，全面促进建立安全生产大数据体系，打破部门局限加快政府安全生产数据开放共享，全面推进重点行业和领域的相关数据采集、整合，深化政府部门安全生产数据和社会相关数据的关联分析、融合利用，提高安全生产的宏观调控、市场监管、社会治理和公共服务精准性和有效性。

自2004年我国实施《工伤保险条例》以来，参保人群从以国有企业职工为主扩大到除国家机关和参公管理事业单位以外的各类用人单位和有雇工的个体工商户。全国还大力推进矿山、建筑等高风险企业参保，推进农民工参保工作成效显著，已有7000多万农民工参加工伤保险，约占已参保人数的36%，基本实现了将有较稳定劳动关系的农民工都纳入工伤保险范围的工作目标。近年来，我国工伤保险制度覆盖人群不断扩大，截至2020年底，全国工伤保险参保人数为2.68亿人，参保总体趋于稳定，统计数据系列较为完整。其中职工因工致残被鉴定分成一级至十级伤残，弥补了我国通常职业伤害统计中不同程度工伤情况的空白。本书数据主要来源于历年的《中国劳动统计年鉴》及人力资源和社会保障部网站。

三、职业伤害风险水平测算方法研究

由于职业伤害有轻伤、重伤和死亡，如何确定各自权重需要计算依据。对职业伤害风险水平的测量通常通过两个方面进行：一是根据经济损失数额大小；二是根据职工生命健康损失情况。

1. 根据《工伤保险条例》提出的测算思路

在工伤保险中，经济损失数额可从职业伤害补偿方面来确定数值，而职工生命健康损失则可考虑从工伤等级来判断。一至十级工伤①及工亡计算权重，我们拟参照国家颁布的《工伤保险条例》中的赔偿标准水平，来折算成相应的权重，有两种路径可考虑。

一种测算路径是根据《工伤保险条例》第三十五条的相关规定，规定中既有一次支付的部分，也有分月支付的部分，最后还有基本养老保险待遇，因人而异程度较大。考虑到合并三种待遇需要很多基础数据，缺乏可行性。

另一种测算路径是根据《工伤保险条例》第六十六条的相关规定："无营业执照或者未经依法登记、备案的单位以及被依法吊销营业执照或者撤销登记、备案的单位的职工受到事故伤害或者患职业病的，由该单位向伤残职工或者死亡职工的近亲属给予一次性赔偿，赔偿标准不得低于本条例规定的工伤保险待遇。"这种规定较为简明，便于统一计算比较，故本书尝试采用工伤保险一次性赔偿金标准为参照，测算全国工伤保险统计数据中的各省份一至十级工伤及工亡计算权重。

根据人力资源和社会保障部通过并自 2011 年起施行的《非法用工单位伤亡人员一次性赔偿办法》，一级伤残的为赔偿基数的 16 倍，二级伤残的为赔偿基数的 14 倍，三级伤残的为赔偿基数的 12 倍，四级伤残的为赔偿基数的 10 倍，五级伤残的为赔偿基数的 8 倍，六级伤残的为赔偿基数的 6 倍，七级伤残的为赔偿基数的 4 倍，八级伤残的为赔偿基数的 3 倍，九级伤残的为赔偿基数的 2 倍，十级伤残的为赔偿基数的 1 倍。所称赔偿基数，是指单位所在工伤保险统筹地区上年度职工年平均工资（为统一标准，在此全部视作采用全国上年度职工平均工资）。

重伤（一至四级）的赔偿权重 = （16+14+12+10）/4 = 13　　（4-8）

轻伤（五至十级）的赔偿权重 = （8+6+4+3+2+1）/6 = 4　　（4-9）

受到事故伤害或者患职业病造成死亡的，按照上一年度全国城镇居民人均可支配收入的 20 倍支付一次性赔偿金，并按照上一年度全国城镇居民人均可支配收入的 10 倍一次性支付丧葬补助等其他赔偿金。

试计算工亡的权重：2015 年全国在岗职工年平均工资为 63241 元（赔偿基

① 我国工伤保险制度中，通过劳动能力鉴定确定劳动者伤残程度和丧失劳动能力程度，将职业伤残的等级分为一级到十级，从重到轻。比如，一级伤残描述为：日常生活完全不能自理，全靠别人帮助或采用专门设施，否则生命无法维持；意识消失；各种活动均受到限制而卧床；社会交往完全丧失。再如，十级伤残描述为：日常活动能力部分受限；工作和学习能力有所下降；社会交往能力部分受限。

数）；2015 年全国城镇居民可支配收入为 31195 元（相当于赔偿基数的 49.33%）；将工亡一次性赔偿金折算成的赔偿权重为：（20+10）×0.4933＝14.799

首先将重伤与轻伤的赔偿权重进行比较，两者间为 13∶4，大致反映出职业健康损失的差别程度，可作为两者职业伤害风险的比例。

其次将重伤（一至四级）与工亡的赔偿权重进行比较，明显觉得工亡的赔偿权重偏低，两者比例不能反映职业伤害的风险程度，低估了职业生命价值，因此对工亡的伤害水平（相对于工伤）确定需要另外寻找办法。

2. 根据《生产安全事故报告和调查处理条例》提出的测算思路

生产安全事故报告规定中对重伤和死亡损失的判断有一定规则可借鉴。我国的事故类别划分是根据中华人民共和国国务院颁布的《生产安全事故报告和调查处理条例》，事故划分为特别重大事故、重大事故、较大事故和一般事故四个等级。具体来说，特别重大事故是指造成 30 人以上死亡，或者 100 人以上重伤（包括急性工业中毒，下同），或者 1 亿元以上直接经济损失的事故；重大事故是指造成 10 人以上 30 人以下死亡，或者 50 人以上 100 人以下重伤，或者 5000 万元以上 1 亿元以下直接经济损失的事故；较大事故是指造成 3 人以上 10 人以下死亡，或者 10 人以上 50 人以下重伤，或者 1000 万元以上 5000 万元以下直接经济损失的事故；一般事故是指造成 3 人以下死亡，或者 10 人以下重伤，或者 1000 万元以下直接经济损失的事故。我们根据《生产安全事故报告和调查处理条例》的事故等级划分中对死亡和重伤的损失程度的认定，大致确定工亡和重伤的风险危害程度比为 3.33∶1（即 43.3∶13）较为合理。

进一步结合式（4-8）和式（4-9），我们大致确定工亡、重伤和轻伤的风险危害程度比为 43.3∶13∶4，三者的权重系数分别为 0.7180、0.2156 和 0.0663。

3. 各省份职业伤害风险水平测算

根据前文确定的工亡、重伤和轻伤的风险危害程度权重，确定职业伤害风险的计算模型公式（4-10）。式（4-10）中，重伤率为一至四级工伤率，轻伤率为五至十级工伤率。

$$\text{职业伤害风险水平}=\text{轻伤率}\times 0.0663+\text{重伤率}\times 0.2156+\text{工亡率}\times 0.7180 \tag{4-10}$$

利用全国 2018 年度的工伤保险统计数据，并运用上述公式综合计算得到全国各省份的职业伤害风险水平（见表 4-7）。

其中，轻伤最严重的省份有江苏、浙江和贵州；重伤最严重的省份有山西、黑龙江和重庆；工亡最严重的省份有西藏、青海和新疆。从 2018 年各省份职业伤害风险水平综合计算结果来看，各地的差异较大，最低的省份数值是 4.93（海南），最高的省份数值是 18.07（宁夏），最高值是最低值的 3.67 倍。职业伤害风险水平较高的省份有宁夏、河北、新疆、山西、青海和云南，大多属于西部欠发达地区和华北地区；职业伤害风险水平较低的省份有海南、北京、广东、浙江和上海，基本属于经济较领先的东部地区，其中海南省主要因产业结构位居榜首。

表 4-7　2018 年各省份职业伤害风险水平统计比较

序号	省份	重伤		轻伤		工亡		总职业伤害风险水平	
		一至四级工伤率	排名	五至十级工伤率	排名	工亡率	排名	综合得分	排名
1	北京	5.51	15	99.02	3	5.14	3	4.95	2
2	天津	3.26	6	208.97	19	10.18	10	8.16	8
3	河北	5.95	19	285.98	24	22.18	26	17.41	30
4	山西	23.57	31	247.09	23	15.73	22	16.55	28
5	内蒙古	7.39	21	169.11	13	13.83	24	11.65	22
6	辽宁	6.09	20	170.89	14	11.45	13	9.65	15
7	吉林	4.22	8	124.54	4	8.00	5	6.74	6
8	黑龙江	16.58	30	228.90	22	9.56	8	10.60	20
9	上海	2.24	3	366.60	28	7.70	7	6.27	5
10	江苏	4.42	9	425.16	31	11.28	12	9.35	13
11	浙江	2.65	5	414.49	30	6.59	6	5.60	4
12	安徽	4.87	12	293.53	25	12.98	14	10.58	19
13	福建	5.52	16	167.81	11	8.86	2	7.67	7
14	江西	8.54	24	213.51	20	10.95	19	9.86	16
15	山东	5.38	14	167.91	12	12.02	17	9.91	17
16	河南	4.62	10	133.40	6	12.69	16	10.20	18
17	湖北	4.72	11	183.28	16	10.03	9	8.35	9
18	湖南	5.77	18	193.77	18	10.84	23	9.17	11
19	广东	1.87	2	176.00	15	6.78	4	5.40	3
20	广西	2.59	4	90.05	2	11.07	11	8.57	10
21	海南	1.44	1	29.15	1	6.41	1	4.93	1
22	重庆	16.17	29	348.25	26	7.95	21	9.44	14

续表

序号	省份	重伤		轻伤		工亡		总职业伤害风险水平	
		一至四级工伤率	排名	五至十级工伤率	排名	工亡率	排名	综合得分	排名
23	四川	7.45	22	215.23	21	10.40	18	9.23	12
24	贵州	9.58	25	382.84	29	15.98	25	13.81	25
25	云南	10.40	26	156.58	10	16.43	27	14.15	26
26	西藏	5.56	17	145.00	8	15.28	31	12.27	23
27	陕西	5.28	13	153.58	9	13.62	15	11.03	21
28	甘肃	8.08	23	137.81	7	14.75	20	12.43	24
29	青海	11.16	27	191.59	17	17.10	30	14.82	27
30	宁夏	13.55	28	354.62	27	20.75	28	18.07	31
31	新疆	3.84	7	127.85	5	22.07	29	16.77	29

资料来源：周慧文，刘辉．我国职业伤害风险水平评估与分析研究——基于工伤保险数据［J］．社会保障，2018：28-33.

至此，得到的基本结论是在排除经济总量和就业总人数的影响的前提下，对平均每位职工所面临的职业伤害风险而言，西部欠发达省份比东部发达省份更高。这一结论与通常关注职业伤害总量的统计分析结果有较大反差，其背后的系统性原因和作用机理值得进一步深入分析。

第四节　本章小结

一、研究结果分析

利用我国历年来的工伤保险统计数据，运用工亡率、一至四级工伤率和五至十级工伤率三个指标和相关方法，对我国职业伤害率变化及其差异情况进行了初步分析，发现以下四点基本趋势：

第一，我国总体工亡率呈下降趋势，但整体水平还偏高，2016 年达到最低点，为 10.25，在国际上与主要发达国家相比，还有较大的差距。其中西部明显高于东部、中部，差距在不断缩小。工亡率在 2006~2010 年出现大幅波动。不能排除是相关数据统计初期因制度变更、历史遗留等原因造成的，有待通过其他口径数据进行进一步比对分析。

第二，我国各地区的工亡率整体差异在不断缩小，泰尔指数已降至0.06（2014~2016年）；东部、中部、西部各自内部的差异也在不断缩小，最小的泰尔指数是中部地区2016年的0.02；东中西部之间的工亡率差异在缩小，而东部、中部和西部的内部各省份之间的差异还比较大。

第三，多数省份工伤率水平较为稳定；我国一至四级工伤率区域间差异远大于区域内差异；我国五至十级工伤率地区差异较为明显，东部地区在多数年份的五至十级工伤率泰尔指数保持较高水平，说明东部地区五至十级工伤率差异最大；除东部地区外，中部、西部地区的五至十级工伤泰尔指数都有逐渐收敛的趋势，且五至十级工伤率区域内差异远大于区域间差异。

第四，根据工伤保险制度中确定的工亡、重伤和轻伤的风险危害程度权重，可得到计算模型测算职业伤害风险水平。我们大致确定工亡、重伤和轻伤的风险危害程度比为43.3∶13∶4，三者的权重系数分别为0.7180、0.2156和0.0663。利用全国2018年度的工伤保险统计数据，综合计算得到全国各省份的职业伤害风险水平。各地的差异较大，最高值是最低值的3.67倍。职业伤害风险水平较高的省份有宁夏、河北、新疆、山西、青海和云南，大多属于西部欠发达地区和华北地区；职业伤害风险水平较低的省份有海南、北京、广东、浙江和上海，基本属于经济较领先的东部地区。

二、思考与建议

我国安全生产管理需要通过不懈努力达到稳中不断进步，实现职业伤害率的有序管控，保障经济社会的均衡发展，当前应着重注意三点：

第一，我国已经进入人均GDP达1万美元的经济发展阶段，这是国际上相关研究确认的职业伤害进入下降的转折阶段，我国职业死亡事故经过多年努力已出现较明显的减少趋势，工亡率已基本稳定在稍高于10，工伤率水平较为稳定，离国际先进水平还有较大差距，在设定各类管控职业伤害率指标时要有新的思路，可选择更高水平的国际对标体系，注重追求质量上的进步。

第二，全国安全生产管理基础工作在一定程度上已得到全面加强，各地管理能力都有所提高，但各地职业伤害率水平变化及差异还不平衡。职业伤害风险水平较高的省份有宁夏、重庆、贵州、江苏和青海，主要是西部欠发达省份。多数省份十万人工伤率水平较为稳定，还没有呈现稳步下降的趋势。这种不平衡不仅

体现在东部、中部和西部之间，更明显地出现在三大地区的内部。

第三，今后应改进粗放型管理，从本地实际出发，更强调管理的科学化、精细化、长期化，减少职业伤害率波动与差异变化。更具体地，从当前改进空间看，在东部地区中，部分省份尤其要注意减少与邻近省份职业伤害率上较明显的落后差距，可努力向身边的先进省份就近交流学习，找出差距和原因，制定办法和措施；然而西部地区则要更注重采取措施，处理好安全与生产的关系，在大力发展经济的同时要努力降低职业伤害率。

第五章　我国工亡率研究：事故灯塔法则和经济发展的影响

第一节　我国非致命性工伤与致命性工伤数之比研究

一、事故灯塔法则及相关研究

1. 国际应用研究

海因里希法则又称“海因里希安全法则”“海因里希事故法则”“事故金字塔法则”（300∶29∶1 法则）。后来学者在对其他类型事故的调查中发现了类似的规律，也呈现金字塔分布，但在不同类型的事故中，三者的具体比例并不一定相同。

Bird 按照致命事故、严重事故、事故和事件进行分类和统计，得出的比例为 1∶10∶30∶600（Hollnagel，2014）。Bird 和 Germain（1996）估计每发生 600 起未遂事件，就有 30 起轻微事故伤害或财产损失事件，就会相随着 1 起死亡或灾难性财产损失。在 1974~1975 年英国发生了 1000000 起事故，将它们根据严重程度分类成致命事故、误工事故、急救事故、财产损失事故以及非伤害损害事故或未遂事故，发现各类型之间的数量比例为 1∶3∶50∶80∶400（Sutherland et al.，2000）。这种事故分布的金字塔形状实际上是事故严重程度分级——后果频次的统计分布图，这种分布显然符合幂律分布。

这一统计规律表明，在同一种类型活动中，如果发生无数次常规事故，必然

导致重大伤亡事故的发生。因此，预防重大事故的发生，必须减少和杜绝非伤害事故，减少轻微事故。这项建议已被生产管理者广泛接受和执行。考虑到与事故数量相比，未遂事故的数量更多，未遂事故和轻微事故无疑为实践提供了低成本的学习机会，方便提前采取必要的预防措施，可以防止更严重的恶性事件发生（Goldman，2000；Bellamy，2015；Nielsen et al.，2006）。海因里希法则揭示了事故发生频数与严重程度的统计规律，将重点放在轻伤事故和未遂事故上，并没有指出要重视事故隐患和险肇事故，不能从根本上解决系统的本质安全问题。

Hämäläinen 等（2017）研究指出在欧盟甚至在全球范围内非致命伤害病例报告较完善的国家是德国和芬兰，其报告的非致命伤害病例较多。然而世界上大部分地区的非致命伤害事故报告准确率不佳。一国的经济结构对该国事故金字塔的形成有影响，建筑或者其他高风险职业从业人数众多，往往有相对较高的致命病例数，金字塔也更尖（见图 5-1）。

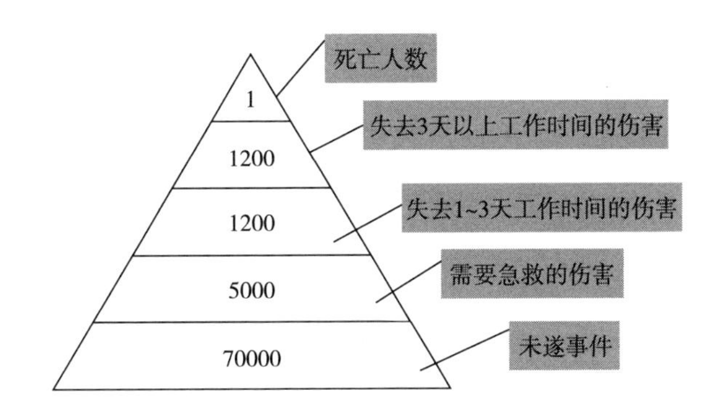

图 5-1　德国职业伤害严重程度的金字塔

资料来源：笔者整理。

日本的青岛贤司应用事故金字理论的研究结论显示，无伤事故：伤亡事故=8：1（重型机械和材料工业），无伤事故：伤亡事故=32：1（轻工业）。美国的 Bird 和 Duffus 的相关研究结果显示，无伤事故：微伤：伤害=10000：2035：50（可近似为 200：41：1）。显然，调查的对象、领域不同，得出的结论也不尽相同。但他们研究的结果都表明，在事故这个意外事件中无伤事故与伤亡事故之间、各类严重程度不同的伤害之间客观存在着一定的量值比例关系，即有一个基本的参考概率，而具体的数值则可能因国家和行业的不同而有差异。

2. 国内应用研究

周建新等（2008）结合四个工业化国家的相关统计数据分析，认为生产安全事故造成的死亡人数和受伤人数之间存在较为固定的比率关系。由于无法直接得到我国这个比率值，因此通过对比分析给出了我国生产安全事故死亡人数与受伤人数的比值，并估算了 2006 年生产安全事故造成人员受伤人数及其直接经济损失。

罗云等应用海因里希法则的拓展实证研究分析了中国宏观事故总量，基于对早期的海因里希法则的认识，如图 5-2（a）所示，结合长期以来专家们不断的持续研究，经过升级迭代成为新型的“事故灯塔法则”，也称为扩展的“海因里希法则”，如图 5-2（d）所示。对比两者的内容和形式，两者的区别在于后者的内涵增加了隐患和危险因素两个层次；其实质的区别在于前者揭示的是事故规律，而后者揭示的是风险规律。这充分体现了全面风险管控的体系思想，揭示了事故防范的全要素逻辑控制链。

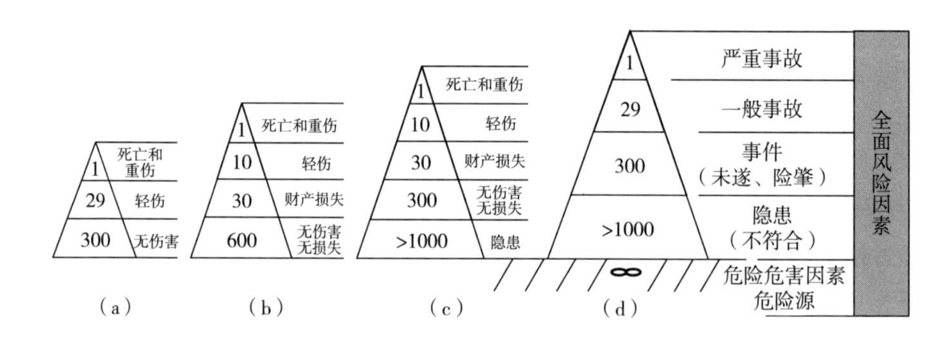

图 5-2 扩展的“海因里希法则”

资料来源：笔者整理。

海因里希事故金字塔模型出现后，在行业内安全管理领域得到了普遍应用（赵宁刚，2012；贡超文，2015；龚龙和刘宝平，2018），有的学者基于海因里希法则分析违章操作的诱因，并对违章操作的非理性原因进行分析（韩志君，2020），人们试图用该金字塔模型指导安全管理，也使人们的安全观念发生了质的变化。王喜梅等（2014）将海因里希法则的重点延伸到事故隐患和危险源，将治本思想深入贯彻到浙江省特种设备事故当中，最大限度地降低危害的发生。也正是基于这一模型，罗云和江虹（2019）根据原国家安全生产监督管理总局公布的 2007~2015 年全国安全生产事故总量和隐患排查报告的数据资料，尝试揭示我国生产安全事故的“事故灯塔法则”规律（见图 5-3）。

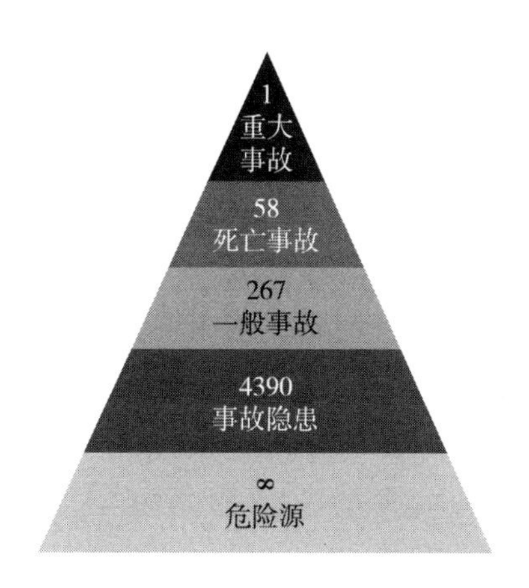

图 5-3　我国生产安全事故的“事故灯塔法则”规律

资料来源：笔者整理。

郑社教（2018）指出人们对该金字塔模型的认识存在一些误区，主要表现在：①忽视了海因里希事故金字塔模型的产生背景，将金字塔模型的 1∶29∶300 的数值推广到所有行（企）业的所有事故类型。海因里希事故金字塔模型是在当时条件下统计某行（企）业机械事故时得出的，1∶29∶300 的数值仅仅适用于当时情况。②模型是动态变化的。管理人员不能不顾管理与技术条件的变化，而墨守 1∶29∶300 的数值。③对海因里希事故金字塔模型形状的变化含义缺乏认识，影响了该模型在安全管理中指导作用的发挥。应当说金字塔模型的形状是变化的，不同形状反映了各个行（企）业在不同条件下的危险性以及安全管理状况。④对事故金字塔的绘制方法尚无统一规定，影响了该模型的规范使用。

二、我国非致命性工伤与致命性工伤人数比例测算

因《中国劳动统计年鉴》中的统计指标只有工亡、一至四级、五至六级、七至十级工伤人数统计，所以主要从这几个指标入手，研究工伤等级之间的比例关系。借鉴罗云和汀虹（2019）根据原国家安全生产监督管理总局公布的 2007~2015 年全国安全生产事故总量和隐患排查报告的数据资料，绘制出我国生产安全事故的“事故灯塔法则”规律的做法，本书采用类似的累计计算的方法，这样做的好处在于可以避免每年工伤数据的波动现象，计算出 2006~2018 年全国工伤死亡与重伤总和与同期非死亡性工伤总和的比例为 1∶10.80。另外，在国外相关论文中，工伤中致命性工伤与非致命性工伤的比例是非常重要的一个指标（Coelho，2020），正如前文所述，对非致命性工伤人数普遍存在低估的情况，而

致命性工伤人数的准确性要高得多，所以往往通过一个国家或地区的工亡人数来推测工伤人数，使得非致命性工伤与致命性工伤比例的获取显得尤为重要了。2018 年我国的这个指标为 23. 51∶1。从表 5-1 可以看出，从 2008 年开始我国的这个比例稳定在 24∶1 左右。

表 5-1　2006~2018 年非致命性工伤与致命性工伤之比

年份	非致命性工伤与致命性工伤之比
2006	30. 45∶1
2007	29. 29∶1
2008	24. 82∶1
2009	24. 35∶1
2010	23. 66∶1
2011	23. 86∶1
2012	23. 70∶1
2013	23. 46∶1
2014	23. 49∶1
2015	23. 61∶1
2016	23. 64∶1
2017	23. 60∶1
2018	23. 51∶1

资料来源：笔者根据历年《中国劳动统计年鉴》计算得出。

三、各省份非致命性工伤与致命性工伤人数比例测算

统计 31 个省份非致命性工伤与致命性工伤人数之比，最高为上海 48. 54∶1，其次分别为浙江 47. 34∶1、重庆 35. 74∶1 和广东 33. 59∶1，最低为海南 6. 50∶1、青海 8. 97∶1（见表 5-2）。

表 5-2　2018 年各省份非致命性工伤与致命性工伤人数之比

序号	省份	非致命性工伤与致命性工伤人数之比
1	北京	16. 82∶1
2	天津	22. 58∶1

续表

序号	省份	非致命性工伤与致命性工伤人数之比
3	河北	10.91：1
4	山西	15.72：1
5	内蒙古	12.51：1
6	辽宁	21.52：1
7	吉林	23.65：1
8	黑龙江	28.96：1
9	上海	48.54：1
10	江苏	32.96：1
11	浙江	47.34：1
12	安徽	22.85：1
13	福建	18.73：1
14	江西	25.18：1
15	山东	15.89：1
16	河南	12.55：1
17	湖北	28.15：1
18	湖南	20.84：1
19	广东	33.59：1
20	广西	12.16：1
21	海南	6.50：1
22	重庆	35.74：1
23	四川	20.76：1
24	贵州	27.73：1
25	云南	11.71：1
26	西藏	14.04：1
27	陕西	14.47：1
28	甘肃	13.39：1
29	青海	8.97：1
30	宁夏	17.68：1
31	新疆	12.95：1

资料来源：笔者根据历年《中国劳动统计年鉴》计算得出。

第二节　我国工亡率与经济发展之间关系的实证分析

一、工亡率与经济发展

发达国家在工业化发展过程中也出现过特大事故频繁发生的情况，如美国在人均 GDP 为 1000~2000 美元时，工伤事故十万人死亡率为 13 左右，全国工伤事故年均死亡人数超过 2 万人；日本在 20 世纪 60 年代中期人均 GDP 刚超过 1000 美元时，工伤事故十万人死亡率在 12 左右；英国、德国、法国等国家经过了 30 年以上的努力，使工伤事故十万人死亡率降到了 5 左右的水平；韩国、巴西、印度等国家也曾经或正在经历这段历史进程，其工伤事故的工亡率都在 10 以上。我国近几年同口径的工矿企业工伤事故十万人死亡率平均在 10 上下波动。

近 20 年来世界各国工亡率均呈下降趋势，如 1990 年大部分国家在 15 左右，2000 年平均降至 10 以下，2002 年降至 8 以下。先进工业化国家工亡率普遍较低，目前平均值为 4 左右。其中，英国最低，在 1 以下；澳大利亚居第二位，由 1992 年的 7 下降到 2002 年的 2；德国居第三位，自 1990 年的 5.1 下降到 2002 年的 2.9；美国由 1992 年的 5.3 下降到 2002 年的 4.2；日本 2002 年为 4.5。

二、描述性统计分析

由于非致命性工伤比致命性工伤更容易被漏报（Pransky et al.，1999），学者通常将研究重点放在工亡率与其社会经济影响因素之间的关系研究上。考虑到我国工伤保险参保人数巨大，参保比例已接近 2/3，工伤保险数据应能较好地反映宏观情况。假定所有应参保员工都参保，且所有工亡者都得到工伤保险制度认定并从工伤保险制度获得补偿，那么将工伤保险系统中的工亡数除以工伤保险参保人数就可以得到实际工亡率。

数据收集主要包括工伤保险系统的工亡数和参保人数，分别来源于 2010~2018 年《中国人力资源和社会保障年鉴》中的“各地区因工死亡人员工伤认定情况”和“各地区工伤保险基本情况”。

实际上，2010~2018年的参保率并未达到全员参保，尽管数据不能精确反映其真实情况，由于采用统一标准进行计算，因此不同省份的工亡率之间仍然有可比性。采取了这样的近似方法来进行计算，只能粗略反映工亡率的情况，但该指标的优势在于数据可获得性，并且主要目的不在于计算工亡率的绝对水平，而是得到不同地区、不同年度的工亡水平和趋势变化，因此即使该指标的计算结果不够精确，只要对所有样本都采用相同的标准，那么本书的结论就不会出现系统性偏差①。

表5-3是2010~2018年全国工亡率描述性统计结果，单位是每十万工伤保险参保人中的工亡人数。从表5-3可以看出，工亡率呈下降趋势，最高点在2010年的15.7455，最低点在2017年的11.7842。

表5-3　2010~2018年工亡率描述性统计结果

年份	均值	最小值	最大值	标准差
2010	15.7455	5.79	32.06	8.1504
2011	14.8694	6.18	35.55	7.8746
2012	14.5068	4.62	36.73	7.3482
2013	13.9645	6.59	26.92	5.9094
2014	13.4835	6.58	30.36	5.4638
2015	12.2939	4.27	22.96	4.8857
2016	12.0219	5.59	22.24	4.5870
2017	11.7842	5.60	23.08	4.5893
2018	12.2129	5.14	22.18	4.4599

注：表中数据是每十万工伤保险参保人中的工亡人数。

资料来源：笔者整理。

从图5-4可以看出，2010~2018年全国各省份工亡率趋势，有些省份比较平缓，如北京、上海、浙江、广东等，有些省份呈下降趋势，如重庆、贵州、云南等，有些省份则呈上下波动状态，如河北、新疆、甘肃、西藏。

① 此做法是假设所有参保人员都是正规就业人员。

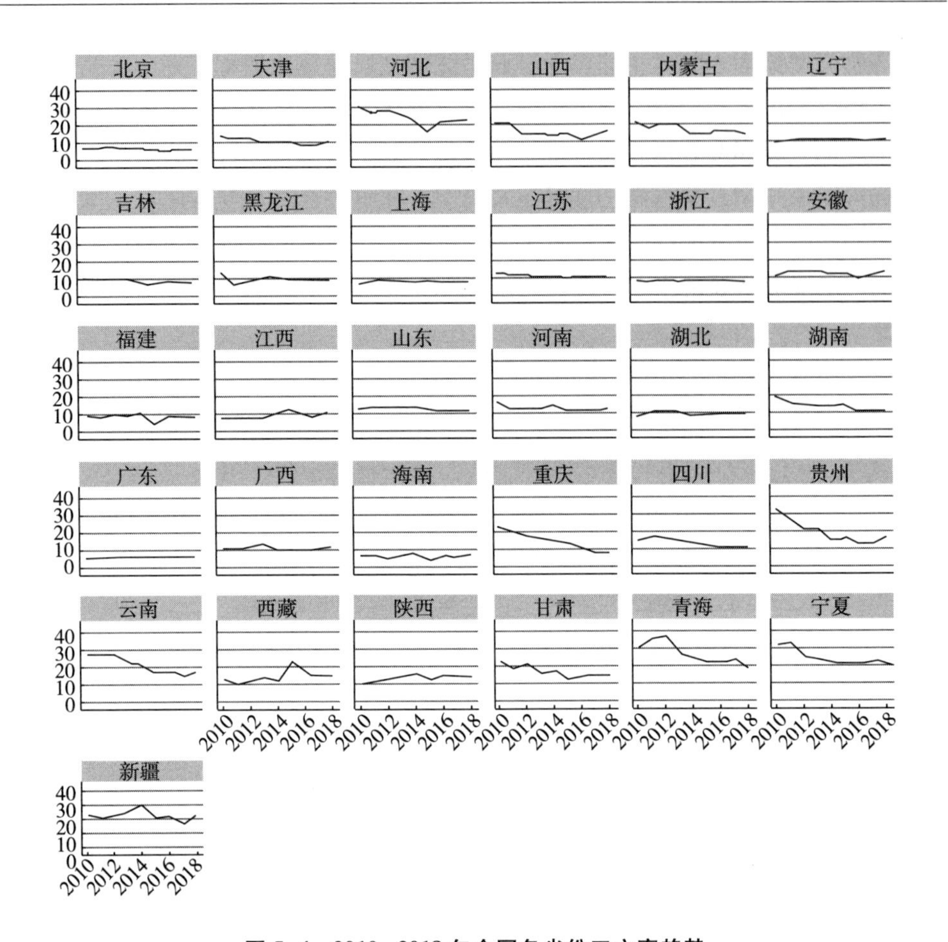

图 5-4 2010~2018 年全国各省份工亡率趋势

资料来源：笔者整理。

三、变量定义

1. 自变量

工亡率与经济发展水平之间关系十分密切，本书试图通过统计分析来研究经济发展水平对工亡率的影响。在经济发展水平较低阶段，工伤事故造成的死亡人数较少；在经济高速发展、能源化工与制造业大力发展阶段，生产事故率和死亡人数呈快速上升趋势；在经济发展的更高阶段，随着产业结构调整，经济发展带来的积累使安全投入力度加大，安全本质化水平提高和全民安全素质增强，生产安全事故呈现快速下降趋势，形成一个开口向下的不对称抛物线。

设置两个指标来反映经济发展水平，一个是人均地区生产总值，另一个是地

区生产总值增长率。前者侧重体现整体经济发展水平，后者侧重体现经济活力和生产效率。

（1）人均地区生产总值。人均地区生产总值（Percapitagdp）是以某地区一定时期内地区生产总值（现价）除以同时期平均人口所得出的结果。反映了地区经济生产总量与本地区人口比较的相对强度，常作为发展经济学中衡量经济发展状况的重要宏观经济指标之一。其计算公式为：地区生产总值/该地区的常住人口（户籍人口）。2010~2018 年各省份的人均地区生产总值发展趋势如图 5-5 所示。

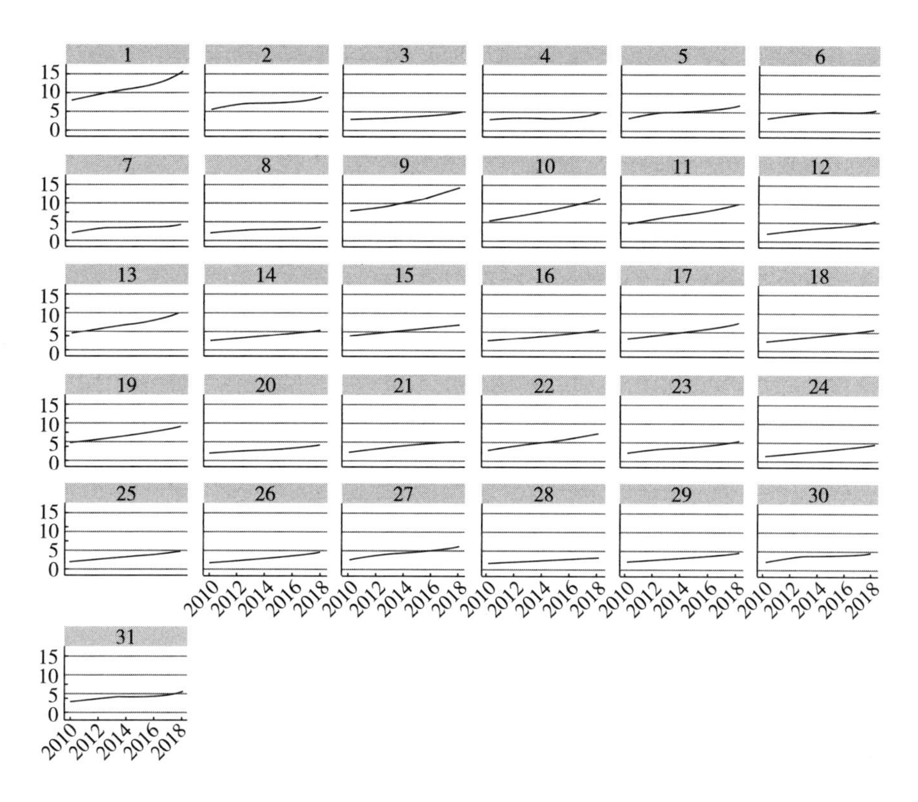

图 5-5　2010~2018 年各省份人均地区生产总值趋势

资料来源：笔者整理。

在经济蓬勃期，地区生产总值高时，职业伤害发生率会降低；然而在经济衰退期则会上升。受伤人数减少的原因可能是资本存量增加和新技术（通常更安全）投资的增加，通常发生在经济好转期间（Bartley and Fagin，1989；Quinlan et al.，2001）。因此提出假设：

H1：当地人均地区生产总值与工亡率之间有负相关关系。

（2）地区生产总值增长率。地区生产总值增长率（GDP Growthrate）——反映地区经济增长速度快慢的指标。计算方法有多种，包括：①直接利用以前一年为基期的地区生产总值指数，增长率=（地区生产总值指数-100）/100；②利用某一年为基期的地区生产总值指数，增长率=（本年地区生产总值指数-前一年地区生产总值指数）/前一年地区生产总值指数；③算出实际地区生产总值增长率=（本年实际地区生产总值-前一年实际地区生产总值）/前一年实际地区生产总值。本书采用的是第一种计算方法。由于不同地区的经济发展不一样，经济结构不同，就业人员数量差别很大，因此以地区生产总值增长率来计算当地经济发展状况。

各地经济增长速度越快，工亡率越高，地区安全生产风险越大，两者呈正相关关系（陈秋玲等，2011）。因此提出假设：

H2：各地经济增长速度越快，工亡率越高，两者呈正相关关系。

从2010~2018年样本来看，全国各省份人均地区生产总值整体都处于增长的阶段（见图5-5），全国人均地区生产总值从3万元增长到了6.6万元左右，但各省份各年平均的地区生产总值增长率处于下降趋势（见图5-6）。虽然样本初期各省份之间的经济情况差异巨大，如2010年经济发展水平最高的上海，其人均地区生产总值甚至达到了最低省份（贵州）人均地区生产总值的6.16倍，且各省份之间的人均地区生产总值变异系数（均值调整后的样本方差）达到了0.53，但到了2018年最高人均地区生产总值（北京）则只有最低人均地区生产总值的4.97倍（甘肃），且当年各省份的人均地区生产总值变异系数降低为不到0.48。因此，各省份之间的横向经济差距虽然仍然存在，但该差距是在不断缩小的。

2. 控制变量

地区第二产业从业人员占比（Prosecindem）——反映第二产业从业人员情况，是指从事生产和建筑等第二产业的人员数与整个单位从业人员的比例。其计算公式为：二产就业人员数/总就业人数。

随着第二产业规模扩张，第二产业就业人员急剧增加，且采矿业、重化工等高危行业在第二产业中所占的比重比较大，第二产业往往以劳动密集型为主，对从业人员的综合素质要求不高，其安全文化观念与风险防范意识落后（陈秋玲等，2011）。因此提出假设：

H3：在地区就业结构中，第二产业从业人员占比越大，地区安全生产事故死亡率越高，地区安全生产风险越大，两者呈正相关关系。

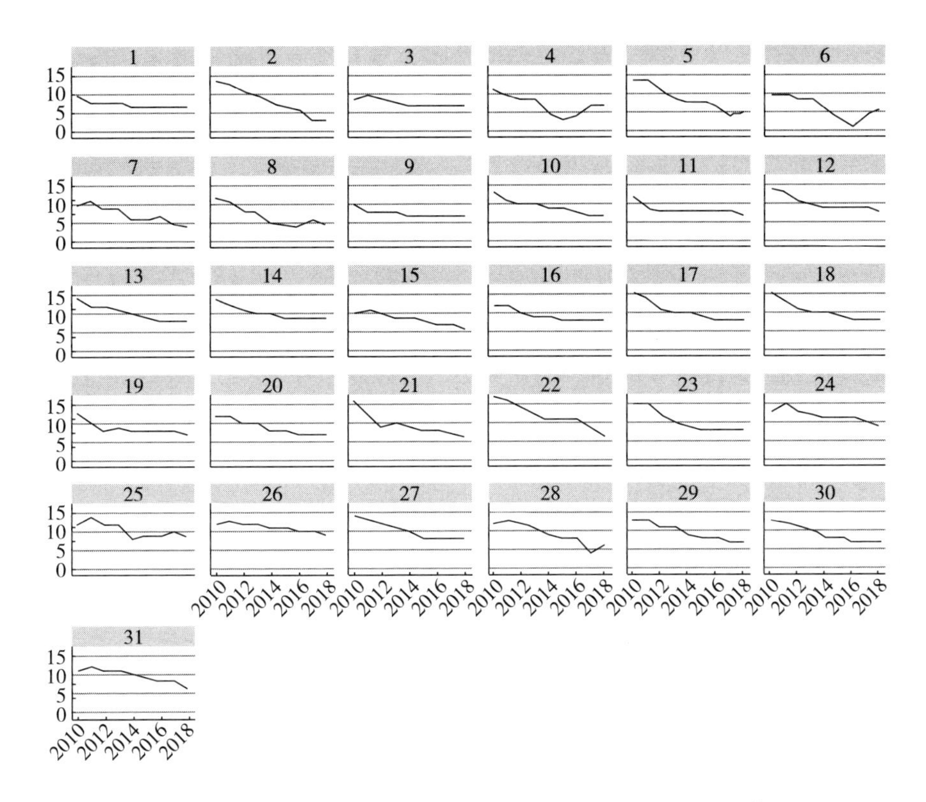

图 5-6　2010~2018 年各省份人均地区生产总值增长率趋势

资料来源：笔者整理。

地区城镇化水平（Urbanizationlevel）是衡量城市化发展程度的数量指标，一般用一定地域内城市人口占总人口比例来表示。其计算公式为：城市（镇）人口（非农业人口）/常住人口。

随着城市化进程加快、生产规模扩大、生产集中化程度提高、交通运输量增加等要素的同步增长，发生群死群伤重特大事故的概率随之增加。城市化进程速度加快，输送易燃、易爆介质的长输管道大幅度增长，城市建筑密度越来越大，人口密度越来越高，城市灾害事故放大、耦合、衍生的可能性和严重程度均在增加，如多数重特大事故均发生在大中城市、游乐场所、国有大矿山、大型飞机等具有聚集性、规模化的区域或人员密集场所。因此提出假设：

H4：城镇化水平越高，工亡率越高，地区安全生产风险越大，两者呈正相关关系。

地区从业人员业务素质（Edu）：高危行业中，人的安全意识和安全知识及人的安全防范能力的高低直接支配其安全行为，对安全效果产生直接的影响，对安全生产起决定性的作用，通常我们用技术水平和受教育水平来衡量这一指标。考虑到数据的可获得性，本书用当地受教育水平指标来替代，采用百万人高等学校在校学生人数。

目前我国的人口素质，特别是劳动力的安全文化素质难以适应经济迅速发展的要求，这种状况在短时期内难以发生大的改变。此外，农村富余劳动力进入工矿商贸等企业，成为高危险行业一线从业人员的主体，给安全生产带来巨大压力，这一群体既是生产事故的引发者，同时又是事故的直接受害者。农民工群体的流动性很大，如董勇（2003）的研究表明，建筑业从业人员存在着很大的流动性，他们的职工岗位变动也很大，所以企业也未能及时对这些人员进行岗前安全教育和培训，给企业的安全生产埋下了很大的隐患。因此提出假设：

H5：地区从业人员平均业务素质越高（操作性指标为地区从业人员专业技术人员占比），则地区安全生产事故死亡率越低，地区安全生产风险越小，两者呈负相关关系。

地区失业率水平（Unemployment）用城镇登记失业率来表示。

可能会产生影响工亡率的其他因素之一是失业率（Barth et al.，2007），失业率可能影响到工作紧张程度和选择就业岗位的压力，因此提出假设：

H6：失业率与工亡率呈正相关关系。

四、经济发展对工亡率影响的实证分析

1. 模型设定和全样本回归

根据前文分析，我们构建如下的回归模型：

$$Dierate_{it}=\beta_0+\beta_1 lnGDP_{it}+\beta_2 Prosecindem_{it}+\beta_3 Urbanizationlevel_{it}+\beta_4 Edu_{it}+\beta_5 Unemployment_{it}+\mu \quad (5-1)$$

$$Dierate_{it}=\beta_0+\beta_1 GDP\ Growthrate_{it}+\beta_2 Prosecindem_{it}+\beta_3 Urbanizationlevel_{it}+\beta_4 Edu_{it}+\beta_5 Unemployment_{it}+\mu \quad (5-2)$$

其中，Dierate 为工亡率。表 5-4 中模型 1 中解释变量 lnGDP 是人均 GDP 的对数，为了控制可能的异方差和价格变动引起的异常值。模型 2 中解释变量 GDP Growthrate 表示 GDP 增长率。两个方程的控制变量相同，Prosecindem 为二产人员占比，Urbanizationlevel 为城市化水平，Edu 为人员素质，Unemployment 为失业率。μ 为随机误差项。由于涉及的样本数据属于典型的面板数据，因此实证部分

采用 Stata 的面板数据回归完成。

表 5-4 本书使用的模型说明

变量	模型 1	模型 2
自变量	Dierate（工亡率）	Dierate（工亡率）
解释变量	lnGDP	GDP Growthrate
控制变量	Prosecindem、Urbanizationlevel、Edu、Unemployment	Prosecindem、Urbanizationlevel、Edu、Unemployment
用于检验的假说	H1、H3、H4、H5、H6	H2、H3、H4、H5、H6

资料来源：笔者整理。

下文将结合已有理论和方法进行验证。

2. 基于随机效应模型的人均地区生产总值对工亡率的影响研究

面板数据涉及的模型主要有固定效应模型和随机效应模型，在进行回归分析前，需要通过检验进行模型选择，其中 Hausman 检验最为常用。对两类模型进行 Hausman 检验的结果显示，两类模型的检验结果均不显著。由于 Hausman 检验的原假设为与固定效应模型相比，随机效应模型更为合理。通过本书数据的 Hausman 检验，发现可以接受 Hausman 检验的原假设，本书采用随机效应模型进行估计更为合理。因此，针对样本数据本书选择随机效应模型，并用 Stata14 软件对面板数据进行了统计分析。

表 5-5 的回归结果显示，回归（1）到回归（5）人均地区生产总值的对数的系数均为负数，说明人均地区生产总值与工亡率负相关，这与陈秋玲等（2011）的研究结论一致。回归（1）至回归（3）均显著，即加入控制变量二产占比和城镇化水平后结果没有改变，仍然是显著负相关。只是加入城镇化水平后，由原来的在 1%水平上显著变为在 10%水平上显著，且对工亡率的影响上也减弱不少，说明城镇化水平对工亡率的影响作用更大；当加入控制变量人员素质和失业率后，人均地区生产总值的对数呈现不显著状态。

此外，二产占比的系数为正，二产人员占比越高，工亡率越高，与我们预期假设一致，只有回归（5）通过了显著性检验，H3 得到验证。城市化水平越高，工亡率越低，且在 10%水平上显著，与 H4 正好相反，没有得到验证，之所以与陈秋玲等（2011）结论正好相反，可能是因为他们的研究数据是更为广义的安全事故数据，除了职业伤害事故之外，还包括了公共安全方面的事故，如火灾、交通事故等。人员素质（Edu）负向影响了工亡率，可以理解为受教育程度越高，素质越高，工亡发生可能性越小，H5 得到验证。失业率与工亡率之间也有一定的正面关系，但在回归（5）中失业率没有通过显著性检验，可能是我国的城镇失业率指标不能完全反映真实情况造成的，H6 没有得到验证。

表 5-5　人均地区生产总值对工亡率的全样本回归结果

变量	(1)	(2)	(3)	(4)	(5)
lnGDP	-5.7704*** (-8.89)	-5.7213*** (-8.82)	-2.3843* (-1.87)	-1.6509 (-1.23)	-1.9241 (-1.44)
Prosecindem	—	5.2359 (1.26)	6.3864 (1.55)	6.5275 (1.60)	7.1001* (1.74)
Urbanizationlevel	—	—	-23.8963*** (-3.02)	-24.2507*** (-3.12)	-15.5791* (-1.69)
Unemployment	—	—	—	1.1080* (1.77)	0.9833 (1.56)
Edu	—	—	—	—	-0.0168* (-1.67)
样本数	279	279	279	279	279
R^2	0.2522	0.2264	0.2444	0.2657	0.2871

注：*、**、***分别表示在 10%、5%、1%水平上显著。

资料来源：笔者整理。

3. 地区生产总值增长率对工亡率的影响研究

表 5-6 的回归结果显示，GDP 增长率的回归系数显著为正（概率 p 值为 0.005<0.01，在 1%水平上显著），说明地区生产总值增长率正向影响了工亡率，而且该正向影响不会因为加入了二产人员占比、城镇化水平、失业率和人员素质等控制变量发生改变，表现在从回归（1）到回归（5）地区生产总值增长率的回归系数显著均为正，H2 得到验证。

此外，二产占比的系数为正，与我们预期假设一致但不显著，H3 未得到验证；城市化水平越高，工亡率越低，且在 10%水平上显著，与 H4 预期正好相反，没有得到验证，理由如前所述；人员素质（Edu）负向影响了工亡率，可以理解为受教育程度越高，素质越高，工亡发生可能性越小，H5 得到验证。失业率与工亡率之间也有一定的正相关关系，但未通过检验，可能是我国的城镇失业率指标不能完全反映真实情况造成的，H6 未得到验证。

表 5-6　地区生产总值增长率对工亡率的全样本回归结果

变量	(1)	(2)	(3)	(4)	(5)
GDP Growthrate	58.3624*** (8.31)	57.6425*** (8.11)	26.3665*** (2.80)	23.4589** (2.47)	26.9591*** (2.81)
Prosecindem	—	3.0241 (0.70)	5.0410 (1.21)	5.1367 (1.25)	5.6685 (1.38)
Urbanizationlevel	—	—	-26.4634*** (-4.88)	-24.0988*** (-4.46)	-14.0673* (-1.93)
Unemployment	—	—	—	1.0907* (1.83)	0.9500 (1.59)
Edu	—	—	—	—	-0.0203** (-2.01)
样本数	279	279	279	279	279
R^2	0.0878	0.0595	0.2373	0.2658	0.2902

注：*、**、***分别表示在10%、5%、1%水平上显著。

资料来源：笔者整理。

第三节　我国东部、中部、西部工亡率与经济发展之间关系的实证分析

一、东部、中部、西部地区人均地区生产总值对工亡率的影响

由于各地经济发展水平、经济外向程度、政策支持力度、自然条件等不一样，形成不同的经济区域。单纯地把我国作为一个单一的整体而不考虑其内部的区域差异性来研究我国工亡率的问题是有一定局限性的，工亡率受不同区域的影响是值得关注的。传统上我国可以划分为东部、中部和西部三个大的经济区域。不同的经济区域有着不同的经济特征、人口特征和社会管理政策，分经济区域进行分组考察有利于深入挖掘工亡率的相关影响因素。

从表 5-7 人均地区生产总值对工亡率的影响的经济区域分组的结果来看，东

部、中部、西部人均地区生产总值对工亡率均不显著，和表 5-5（5）时结果一致。城市化水平在东部地区显著影响了工亡率，且为负向影响。受教育水平在东部、中部、西部都显著，东部地区正向影响了工亡率，在中部和西部则为负向影响。失业率对三个分区均未呈现显著，可能我国的失业率为城镇登记失业，并未真实反映我国失业水平。

表 5-7　东部、中部、西部地区人均地区生产总值对工亡率的影响的回归分析

变量	系数		
	东部	中部	西部
lnGDP	1.2032 (1.01)	0.7226 (0.25)	3.8610 (0.60)
Prosecindem	4.4551 (1.28)	9.6571 (1.16)	20.4396 (1.06)
Urbanizationlevel	-33.3573*** (-3.37)	-7.6065 (-0.39)	-28.9165 (-0.71)
Unemployment	0.6119 (0.97)	1.2711 (1.30)	1.7031 (1.01)
Edu	0.0184** (2.08)	-0.0374* (-1.86)	-0.1157** (-2.55)
_cons	20.7876 (4.09)	15.6024 (1.86)	38.0768 (1.86)
P	0.0001	0.0064	0.0000
R^2	0.3123	0.2712	0.2991

注：西部地区固定效应，东部、中部为随机效应。*、**、***分别表示在 10%、5%、1%水平上显著。

资料来源：笔者整理。

二、东部、中部、西部地区生产总值增长率对工亡率的影响

从表 5-8 地区生产总值增长率对工亡率的影响的经济区域分组的结果来看，地区生产总值增长率显著影响了西部地区和中部地区的工亡率，均为正向影响，其中对西部影响最为显著，其次是中部地区，东部地区则不显著。在东部地区城市化水平对工亡率影响最为显著，中部和西部地区均不显著。受教育水平在西部地区最为显著，且为负向影响，对中部和东部地区工亡率也有影响，不过对东部

地区是正向影响，对中部地区有负向影响。

表 5-8　东部、中部、西部地区生产总值增长率对工亡率的影响

变量	系数		
	东部	中部	西部
GDP Growthrate	0. 2054 (0. 02)	35. 1994** (2. 48)	71. 3837*** (2. 68)
Prosecindem	3. 9634 (1. 13)	11. 4336 (1. 53)	9. 7809 (0. 93)
Urbanizationlevel	-25. 4341*** (-3. 34)	14. 1504 (1. 08)	22. 8888 (1. 61)
Unemployment	0. 5079 (0. 81)	0. 8411 (1. 00)	1. 2303 (1. 00)
Edu	0. 0155* (1. 78)	-0. 0379* (-1. 94)	-0. 0834*** (-5. 01)
_cons	19. 0548 (3. 58)	2. 7246 (0. 32)	10. 3014 (1. 48)
P	0. 0002	0. 0003	0. 0000
R^2	0. 3232	0. 3425	0. 4870

注：东部、中部、西部均为随机效应模型。*、**、***分别表示在 10%、5%、1%水平上显著。
资料来源：笔者整理。

第四节　本章小结

基于事故灯塔法则，我们发现，我国工亡数与非致命性工伤数的比例在 2018 年为 1∶23. 51。从 2008 年开始我国的这个比例稳定在 1∶24 左右。统计 31 个省份工亡数与工伤数的比例，经过与国外情况的比较，可以说无论是国内总比例还是省份比例，都明显偏高，不尽合理，应该引起各级管理层警觉。初步分析背后的原因：一部分原因是国内工伤保险统计对小微事故常常忽视掉，为了减少事务性麻烦，没有统计在内；另一部分原因是目前职业安全管理还处在较粗放的阶段。

从全国来看，人均地区生产总值对工亡率的影响不显著，城镇化程度、二产占比、人员素质都促进了工亡率的降低。其中城镇化程度的影响较为突出，说明随着城镇化水平的提高，也意味着政府治理方式更为现代化，法制化水平的改善，使得社会对职业伤害风险管控能力提升。

从全国来看，地区生产总值增长率对工亡率的影响是正向的，说明经济活跃和生产行为更为繁忙，带来职业伤害风险很大；城镇化程度和人员素质的提升，有助于减少工亡率。

从全国三大区域来看，无论是人均地区生产总值还是地区生产总值增长率对工亡率的影响回归模型，都呈现出在东部地区城镇化水平对工亡率影响最为显著，中部和西部地区均不显著的现象。我国东部地区所处城镇化水平阶段显著影响了工亡率，且为负向影响。通过对东中西部的城镇化水平数字比较发现，东部地区城镇化水平均值为0.66，远大于中部地区的0.53和西部地区的0.46，且最小值、最大值分别为0.4、0.9，也都远远超过中部地区的0.39、0.63和西部地区的0.23、0.66。

在人均地区生产总值和地区生产总值增长率对工亡率影响的两个回归模型中，受教育水平在东部、中部、西部都显著，东部地区正向影响了工亡率，在中部和西部则为负向影响。这可能与我们选择的受教育水平指标是当地高等学校在读大学生人数占比有关，由于考虑数据可获得性不得已而为之，缺乏能直接反映劳动力素质的变量。这个结果可以解释为东部地区多为劳动力输入大省，当地高等学校在读大学生人数占比并不能反映在岗劳动力的素质，发生工伤事故高发人群一般以初中文化的农民工群体为主，曾经有统计数据说工伤事故的85%发生在这个群体。中部和西部则为负向影响，意味着教育越发达，事故率越低。

第六章　城镇化背景下我国职业伤害风险与经济发展的面板门槛效应

第一节　经济发展、城镇化与职业伤害风险

一、经济发展与职业伤害

安全生产状况随着经济社会发展水平也表现出大致四个阶段：一是初级产品生产阶段，工业经济快速发展，安全生产事故多发；二是工业化初期阶段，安全生产事故达到高峰并逐步得到控制；三是工业化中期阶段，安全生产事故快速下降；四是工业化后期阶段，安全生产事故稳中有降，死亡人数很少。

当人均地区生产总值处于快速增长的特定区间时，安全生产事故也相应地较快上升，并在一个时期内处于高位波动状态。工业化国家经济发展与安全生产关系的一般规律有两个：

第一，从地区生产总值角度上看，世界上大多数国家经济发展的实践表明：经济增长速度在10%以上时，企业工伤事故明显增多。特别是当一个国家的人均地区生产总值在5000美元以下时，很难避免工伤事故的发生，尤其是人均地区生产总值在1000~3000美元时，是安全事故急速增长的阶段，而且上下波动较大；当人均地区生产总值约1万美元时，企业工伤事故开始缓慢下降，发生事故的波动幅度也有变小趋势；在人均地区生产总值超过2万美元时，发生特大工伤事故的概率大幅度降低，伤亡人数明显下降，而且基本上不会出现幅度较大的波

动和反复。

第二，从产业结构角度上看，发达国家的历史表明：在制造业高速发展的时期，出现事故频率高、工伤死亡人数多的情况，随着第三产业比重的相对增加，形势才逐年有所改善。例如，当美国第三产业的比重达到72%时，高风险企业和高风险人群同时减少，工伤事故的风险也随之下降到很低的水平。可见，产业结构调整，以第三产业增加为主导，使高风险行业萎缩，伤亡事故和高危人群减少，工作环境本质安全条件提高，安全生产形势好转。

二、城镇化与职业伤害

农民工进入城市，作为劳动力深刻地改变了人力资本的供给和资源的重新配置，农民工进城是中国的城镇化重点。农民工进入城镇工作，进行空间位置、社会角色和资源获取方式的转变，长期的城镇打工生活，使得他们对城镇的新生活产生了眷恋感，有调查显示，43. 1%的农民工非常想或比较想留在城镇，37. 6%的农民工表示一般，只有 19. 3%的农民工不太想和基本不想，由此可见，大部分农民工希望在城镇安居乐业，这些因素无不将他们推向城镇工人的身份。农民工的人力资本和身份认同影响其向城镇迁移意愿的具体路径，身份认同对农民工永久迁移意愿具有直接的正向影响，人力资本对农民工迁移意愿没有直接影响，当前农民城镇化的政策设计应注重农民工人力资本质量的提升，为农民工人力资本开发利用创造条件，从而有效地促进农民工的向上流动和城镇身份认同（李飞和钟涨宝，2017）。

当前，城镇化过程中农民工面对的现实困难是我国转轨时期的重大社会问题，也是特定的城乡二元体制的产物。从社会角度来看，农民工是横跨城乡生活与工作的近三亿人口的庞大群体，一部分是离土不离乡的在本地乡镇企业就业的农村劳动力，另一部分是离土又离乡的外出进入城镇就业的农村劳动力。毫无疑问，农民工就是受城镇化影响最直接、最深远的阶层。从我国城镇化的高度来观察研究农民工身份的转变，无疑是具有重要的理论与现实意义的。

农民工已成为城镇产业职工主体，他们有在城镇中受教育和生活过的经历，与传统农民相比，他们有着更为先进的世界观和人生观，更追求专业上的成长空间，希望摆脱低层次的简单劳动，让家庭生活和工作更加平衡，当前对城镇居民生活方式有着很强的追求，希望能在城镇安家落户。可以说，中国城镇化的最核心内容就是农民工及其家庭的城镇化，其中最重要的一步是农民工自身的工人化，在这个阶段中工人身份认同程度在不断提升（刘辉，2020）。

我国是发展中国家，工业化进程正经历严重的职业伤害高危阶段，广大职工面临着较大的职业伤害风险。因工伤、职业病而返贫的家庭在全国各地都普遍存在，因矽肺病受害职工开胸验肺、农民工捧着断手指却无钱进医院或只是极端的例子，但大多数受害职工来自老少边穷地区，已成为解决社会不公和建设和谐社会的当务之急，应是社会保障的重中之重。

我国职业伤害保障三种基本方式并存，待遇差异巨大，公平性比较失衡，相当多工伤事故保障落实困难重重，三种方式分别是工伤保险、商业保险和雇主责任制，覆盖职工范围以雇主责任制最多，其次是工伤保险，商业保险的极少。从保障的强制程度、资金保障、保障易得性、保障的及时性等特点综合衡量，工伤保险最优、雇主责任制最差。现实中，因高危行业职工工伤保险参保率低，采用雇主责任制方式会远超过七成，常常将弱势群体置于非常不公平的地位。职业伤害风险最高的农民工有76%左右排除在工伤保险之外，给受害农民工带来了很大的经济负担。

我国工伤保险制度近期扩大了工伤保险的适用范围，调整了工伤认定的范围，简化了工伤处理程序，提高了工伤待遇标准，增加了工伤保险基金的支出项目，减少了停止享受工伤保险待遇的情形，规定了工伤保险基金先行支付和追偿制度，规定了第三人侵权的工伤医疗费用支付，明确了工伤保险基金的统筹层次，加大了工伤保险制度的强制性。值得注意的是，由于《工伤保险条例》所覆盖的劳动者是以其是否与单位存在劳动关系为判断依据，而我国企业内劳动关系管理目前还存在许多模糊和不规范的地方，妨碍劳动者顺利享受工伤保险保障，直接压缩了我国工伤保险的作用影响范围。在城镇化进程中，工伤事故层出不穷，职业病群体规模惊人，必须通过完善的工伤保险制度，全面覆盖广大职工，科学设计工伤救济程序等保障职工劳动权益，促进职工身处的城市化进程。

第二节　模型设计与研究方法

为了研究被解释变量和解释变量存在的非线性关系，本书基于 Hansen（1996，1999）提出的门槛回归方法（Threshold Regression Method），建立门槛面板数据模型（Threshold Panel Data Model）来探寻这一关系。假设在平衡面板中，

Y_{it} 和 d_{it} 分别为被解释变量（工亡率）和解释变量（GDP Growthrate），I 是指示函数，i 表示省份个体，t 表示年份，μ_i 为个体效应，x_{it} 为门槛变量，若括号内门槛变量取值符合条件，则 I 取值为 1，否则取值为 0；残差 e_{it} 为独立同分布的随机扰动项，其均值为 0，标准差为 σ^2。单门槛模型的基本方程为：

$$y_{it}=\mu_i+\beta'_1 x_{it} I(x_{it}\leq\gamma)+\beta'_2 x_{it} I(x_{it}>\gamma)+e_{it} \tag{6-1}$$

在单一门槛的模型中，观测值被分为两种情形，回归系数 β_1 和 β_2 分别表示两个不同区间内门槛变量对被解释变量的作用。

为了消除个体效应 μ_i，首先采用消除个体的平均数的方法，需要根据最小残差平方和来得出门槛模型的参数估计值，对于门槛值 γ，可以用普通最小二乘法（OLS）来确定其所对应的平方和，通过残差平方和最小时的门槛值 γ，可以得出回归系数 β_i。

$$y^*=x^*(\gamma)\beta=e^* \tag{6-2}$$

利用计算残差平方和最小值可得出门槛值 γ，计算公式如下：

$$\hat{\gamma}=\text{argmin}S_1(\gamma) \tag{6-3}$$

为了防止一个门槛区间内的观测值过少，可在模型中限制最小观测值的比例。在计算出门槛值 γ 后，即可根据公式得出回归系数 β_i、随机扰动项 e_{it} 和残值方差 σ^2。

在计算出门槛模型的参数估计值后，需要对门槛效应做出检验，该检验主要包括两方面的测算：首先是检验门槛效应的显著性，其次是检验门槛参数估计值的真实性。针对门槛效应的显著性可以使用 F 检验来验证。原假设为不存在门槛效应，写作 H_0：$\beta_1=\beta_2$，若拒绝零假设，就可以认为存在门槛效应。F 统计量为：

$$F_1=\frac{s_0-s_1(\hat{\gamma})}{\hat{\sigma}^2} \tag{6-4}$$

其中，S_0 为无门槛效应下模型的残差平方和，S_1 为门槛效应下的残差平方和，由于 F_1 的渐进分布呈非正态分布状态，Hansen 采用了自助抽样法（Bootstrap Method）来评估原假设发生的概率，自助抽样法能够获得一阶渐进分布的情况并估计出 p 值。

针对门槛估计值的真实性我们利用似然统计量来估计门槛的置信区间，由于门槛值的 LR 统计值并非为卡方分布状态，对于门槛值的置信区间，可以根据门槛值 γ 的似然比的非拒绝区间来构造。原假设为门槛值与真实值一致，写作 H_0：$\gamma=\hat{\gamma}$，则似然统计量为：

$$LR_1(\gamma)=\frac{S_1-S_1(\hat{\gamma})}{\hat{\sigma}^2} \tag{6-5}$$

当零假设 H_0：$\beta_1=\beta_2$ 无法被拒绝时，即当 $LR_1(\gamma)=d\zeta$ 时，其中 ζ 依据分布函数而分布，当样本量趋向于正无穷时，其渐进分布 $P(\zeta\leqslant x)=\left[1-\exp\left(\frac{-x}{2}\right)\right]^2$，这时的渐进分布函数为：

$$c(\omega)=-2\log(1-\sqrt{1-\omega}) \tag{6-6}$$

在计算出门槛临界值后，对于给定的 ω，当 LR 估计值大于 $c(\omega)$ 的估计值时，可以拒绝零假设 $\gamma=\hat{\gamma}$。

相关理论指出，经济发展水平对职业伤害风险有重要影响。本章拟重点研究以下两个主题，在城镇化进程背景下：①地区生产总值增长率对工亡率的影响；②我国人均地区生产总值对职业伤害风险水平的影响。

第三节　城镇化背景下地区生产总值增长率对工亡率的影响

一、数据来源

本书所涉及的数据主要来自 2010~2018 年《中国人力资源和社会保障年鉴》和国家统计局网站。假设所有应参保员工都参保，将工亡数除以工伤保险参保人数就可以得到工亡率。尽管数据不能精确反映其真实情况，由于采用统一标准进行计算，因此不同省份的工亡率之间仍然具有可比性。

二、指标设计和模型构建

结合前述文献综述和面板回归分析，对研究变量设定：Y_{it} 为被解释变量工亡率。d_{it} 为解释变量 GDP 增长率（GDP Growthrate）。控制变量：对可能影响工亡率的其他变量做了控制，包括：①地区第二产业从业人员占比（Prosecindem），反映第二产业从业人员情况，是指从事生产和建筑等第二产业的人员数与整个单位从业人员的比例；②地区城市化水平（Urbanizationlevel）；③地区从业人员业务素质（Edu），考虑到数据的可获得性，本书用当地受教育水平指标来替代，采用百万人高等学校在校学生人数；④地方失业率水平（Unemployment）。

运用全国 31 个省份连续 9 年的数据，基于 Hansen 提出的面板门槛数据模型，建立计量方程对存在的非线性关系进行估计，进而对我国工亡率分布情况进行分析和预测；有利于更加客观地判断真实情况。其中单一门槛回归模型的设定如下：

$$y_{it}=\mu_i+\beta_1 d_{it} I\ (q_{it}\leq\gamma_1)\ +\beta_2 d_{it} I\ (\overline{q}_{it}>\gamma_1)\ +\theta x_{it}+\varepsilon_{it} \tag{6-7}$$

其中，I 是指示函数；Y_{it} 和 d_{it} 分别为被解释变量（工亡率）和解释变量（GDP Growthrate）；x_{it} 为一组对职业伤害有显著影响的控制变量，包括二产人员占比（Prosecindem）、城镇化水平（Urbanizationlevel）、失业率（Unemployment）、受教育水平（Edu）；q_{it} 为门槛变量（Urbanizationlevel）。根据国际经验和样本地区的分析，可望在不同城镇化水平下，通过 GDP 增长率对各省份工亡率趋势进行分析与预测评估。

三、实证结果及解释

在使用面板门槛数据模型进行估计前，本书首先采用方差膨胀因子（VIF）方法进行了多重共线性诊断，发现计量回归方程不存在严重的共线性问题。在此基础上，对研究样本是否存在门槛效应进行了检验，利用 Hansen 提出的“自举法”，通过重叠模拟似然比检验统计量 1000 次，估计出 Bootstrap P 值。表 6-1 列示了城镇化程度视角下的门槛效应检验结果，仅通过了单门槛检验。

表 6-1　门槛值的检验 1（Bootstrap=1000）

模型	估计值	F 值	P 值	BS 次数
单一门槛	0.3900	31.74**	0.0250	1000
双重门槛	0.6100	7.23	0.6450	1000

注：** 表示在 5%的显著性水平上拒绝原假设。

资料来源：笔者整理。

当城镇化水平低于 0.3900 时，影响力度为正，且通过了 1%的显著性检验，说明此门槛区间内 GDP 增长率对工亡率具有显著的促进作用；当城镇化水平高于 0.3900 时影响系数为 25.68324，通过了 5%的显著性水平检验，表明在此门槛区间内 GDP 增长率对工亡率的影响仍为正向效应，但影响力度有所减弱（见表 6-2）。门槛 LR 图 1 如图 6-1 所示。

表 6-2　门槛效应检验 1

变量	系数
Urbanizationlevel	-7.1604 (-0.68)
Prosecindem	13.7485*** (2.80)
Unemployment	0.7347 (1.15)
Edu	-0.0176 (-1.42)
Gg_1	67.2487*** (4.87)
Gg_2	25.6832** (2.35)

注：***、**、*分别表示在1%、5%、10%水平上显著，括号内为t统计量，Gg_1和Gg_2为不同门槛区间GDP增长率（GDP Growthrate）变量的系数。

资料来源：笔者整理。

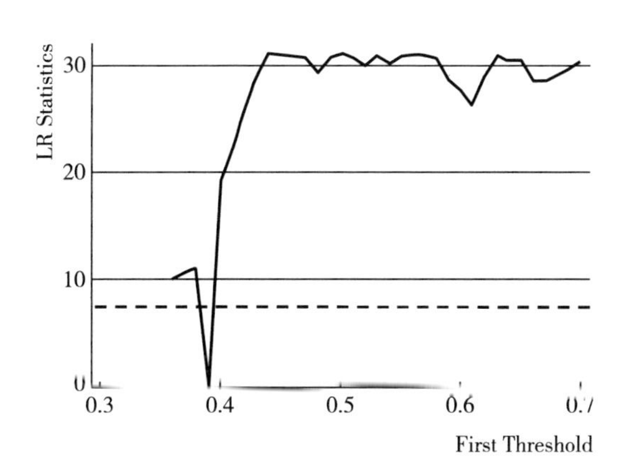

图 6-1　门槛 LR 图 1

资料来源：笔者整理。

第四节 城镇化背景下人均地区生产总值对职业伤害风险水平的影响

一、数据来源

所涉及的数据主要来自2010~2018年《中国人力资源和社会保障年鉴》。其中数据分为一至四级、五至六级、七至十级，本书将一至四级定为重伤，五至六级和七至十级定为轻伤。

假设所有应参保员工都参保，将工亡数除以工伤保险参保人数就可以得到工亡率，将一至四级工伤人数之和除以工伤保险参保人数得到一至四级工伤率。将五至六级、七至十级工伤人数之和除以工伤保险参保人数得到五至十级工伤率。尽管数据不能精确反映其真实情况，由于本书是采用统一标准进行计算，因此不同省份的工亡率、工伤率之间仍然具有可比性。

二、指标设计和模型构建

结合前述文献综述和面板回归分析，对研究变量设定：职业伤害水平，采用本章前文介绍的公式对我国各省份的职业伤害水平进行测算；人均GDP；控制变量，对可能影响工亡率的其他变量做了控制，包括地区第二产业从业人员占比（Prosecindem）、地区城市化水平（Urbanizationlevel）、地区从业人员业务素质（Edu）和地方失业率水平（Unemployment）。

运用全国31个省份连续9年的数据，基于Hansen提出的面板门槛数据模型，建立计量方程对存在的非线性关系进行估计，进而对我国整体职业伤害分布情况进行分析和预测；有利于更加客观地判断真实情况。其中单一门槛回归模型的设定如下：

$$y_{it}=\mu_i+\beta_1 d_{it} I(q_{it}\leqslant\gamma_1)+\beta_2 d_{it} I(q_{it}>\gamma_1)\ \theta x_{it}+\varepsilon_{it} \tag{6-8}$$

其中，I是指示函数；Y_{it}和d_{it}分别为被解释变量（职业伤害风险水平）和解释变量（lnGDP）；x_{it}为一组对职业伤害有显著影响的控制变量，包括二产人员占比（Prosecindem）、失业率（Unemployment）、受教育水平（Edu）；q_{it}为门

槛变量（Urbanizationlevel）。根据国际经验和样本地区的分析，可望在不同城镇化水平下，通过人均 GDP 对各省份职业伤害风险趋势进行分析与预测评估。

三、实证结果及解释

根据 Hansen（1999）的面板数据门槛回归理论，使模型残差平方和最小的 r 估计值，即要寻找的门槛值。采用 Hansen 在门槛回归中使用的“网格搜索法”搜索门槛回归中的候选门槛值 r，之后利用 Bootstrap 法求解 Bootstrap P 值以确定门槛个数及适用的门槛区间，本书设定重复抽样 1000 次。

根据检验结果（见表 6-3 和表 6-4）可以发现，在自抽样检验中单一门槛和双门槛模型都通过了假设检验，但是双门槛模型实际上只存在单一门槛。因而，在此采用单一门槛模型。

当城镇化水平低于 0.4800 时，影响力度为负，且通过了 1%的显著性检验，说明此门槛区间内人均 GDP 对职业伤害风险水平具有显著的抑制作用；当城镇化水平高于 0.4800 时，影响系数为-63.30831，也通过了 1%的显著性水平检验，表明在此门槛区间内人均 GDP 对职业伤害风险水平的影响仍为负向效应，但影响力度有所减弱。门槛 LR 图 2 如图 6-2 所示。

表 6-3　门槛值的检验 2（Bootstrap=1000）

模型	估计值	F 值	P 值	BS 次数
单一门槛	0.4800	23.71*	0.0570	1000
双重门槛	0.3600	21.23*	0.0600	1000

注：* 表示在 10%的显著水平上拒绝原假设。

资料来源：笔者整理。

表 6-4　门槛效应检验 2

变量	系数
Prosecindem	452.5159*** (3.68)
Unemployment	36.3929** (2.20)
Edu	-1.2552*** (-4.60)

续表

变量	系数
Gg_1	-118.8588*** (-4.39)
Gg_2	-63.3083*** (-2.65)

注：***、**、*分别表示在1%、5%、10%水平上显著，括号内为t统计量，Gg_1和Gg_2为不同门槛区间人均GDP（lnGDP）变量的系数。

资料来源：笔者整理。

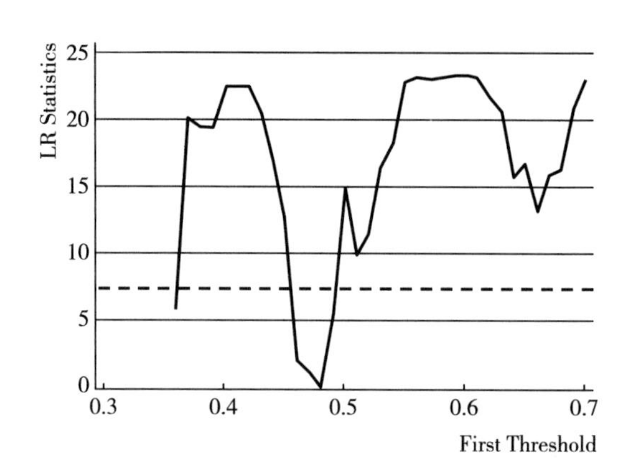

图6-2 门槛LR图2

第五节 本章小结

在城镇化进程中，工伤事故仍然层出不穷，职业病群体规模惊人，必须通过完善的工伤保险制度，全面覆盖广大职工。基于城镇化程度视角，采用我国工伤保险2010~2018年的面板数据，运用门槛回归技术考察了经济增长和人均GDP水平对工亡率的非线性影响效应。

第一，当城镇化水平低于0.3900时，GDP增长率对工亡率具有显著的促进作用；当城镇化水平高于0.3900时，GDP增长率对工亡率的影响仍为正向效应，但影响力度有所减弱，即提升城镇化水平能够减弱经济增长速度对工亡率的正向

影响，有助于减少职业伤害。

第二，当城镇化水平低于0.4800时，人均GDP水平对职业伤害风险水平具有显著的抑制作用；当城镇化水平高于0.4800时，人均GDP对职业伤害风险水平的影响仍为负向效应，但影响力度有所减弱，即人均GDP水平的增长能促进降低职业伤害风险水平，并呈现影响减弱的情况。

总体来说，在我国城镇化进程中，城镇化程度和人均GDP的增长都有助于减少工亡率和职业伤害风险水平，说明中国经济通过转型升级正在改变低端产业结构，整体经济水平在不断提高，改善了职业安全卫生条件。经济发展水平的提高，有助于减少职业伤害。就业状况、产业结构和受教育程度等因素对减少职业伤害也表现出一定的作用。

第七章　典型地区 A 市调研情况分析

第一节　背景简介

一、A 市相关基本情况

A 市（因双方合同约定的原因，本书不便透露 A 市名称，并隐匿了个别细节，请相关人士见谅）是世界性制造业基地，拥有 1 万多家外资企业，是一座以外向型经济为主的城市。目前，A 市拥有五大支柱产业和四个特色产业。按照国际经验，人均地区生产总值已超过 1 万美元，A 市生产事故开始进行下降的时期是否能如愿，还需要进一步分析与观察。

2019 年 A 市实现地区生产总值 5500 亿元，按可比价计算，比上年增长 9.8%。A 市的人均地区生产总值已超过 1 万美元，可以说标志着工业化已经基本完成，正加速进入后工业化时代，将加快由工业为主向服务业为主、生产为主向消费为主、劳动密集型向知识密集型转变的步伐。

除了数据可能性，我们选择 A 市作为样本地区的重要理由是，该市工伤保险参保率非常高，使得对职业伤害的统计也覆盖得较为全面，可供利用的工伤保险数据非常全面和系统。

当然，我们也有另一角度的分析视野，即基于 A 市经济发展是依靠在较短的时期内吸引了大量国内外投资和大量外来劳动力资源的特点，属于借助外生资源进行整合利用的发展模式，属于外向型的经济模式。对比之下，发达国家是经过长期的自然式内生发展模式，经历了产业自然升级和生产管理的不断改进，工伤

状况也会不断改善。因此，不能简单地将发达国家的工伤风险规律用在 A 市。

二、A 市职业伤害概况

A 市职业伤害概况分析均使用 2019 年数据。在数据中剔除工伤认定结论为“其他”的个案。A 市工伤保险参保人数 2019 年 4960279 人次，全市工伤保险参保人数已进入较为稳定的阶段。应 A 市人力资源和社会保障局领导、专家建议：在工伤类别中剔除“职业病”，三年共计有 278 人；按照国家规定，劳动就业年龄必须年满 16 岁，所以剔除了 16 岁以下数据，三年共计有 6 人；虽然国家规定的劳动就业年龄必须 60 岁以下，但根据 A 市实际情况，统计中保留 60 岁以上的个体，三年共计有 540 人。

A 市工伤人员的年龄分布在 20~44 岁的各个区间分布比较均衡，分别约占工伤总人数的 14%~16%；20 岁以下的占比为 3.6%；50 岁以上的占比为 7.2%（见表 7-1）。

工伤人员总数为 126186 人，其中女性 20964 人，占 16.61%；男性 105222 人，占 83.39%。可见，在生产活动中，危险性较大的职位通常由男性承担，在工作中出现工伤的情况更多地出现在男性身上。

A 市工伤人员的婚姻分布主要是已婚占 72.9%，未婚占 26.9%，丧偶占 0.2%，有 53390 人未填写婚姻状况信息。

表 7-1　工伤人员的年龄分布

年龄区间	工伤人数（人）	占工伤总人数百分比（%）
20 岁以下	4493	3.6
20~24 岁	20634	16.4
25~29 岁	21246	16.8
30~34 岁	18362	14.6
35~39 岁	17951	14.2
40~44 岁	19174	15.2
45~49 岁	15158	12.0
50~54 岁	5954	4.7
55 岁以上	3214	2.5
合计	126186	100.0

资料来源：笔者整理。

A 市工伤人员的文化程度主要分布在初中，约占工伤人员总数的 61.0%；其次是普通高中，约占 16.1%；然后是中等专科和小学，约占 7%；最后是大学专科，约占 3.4%；其余的占比均不超过 2%（缺失值为 52028 人）。

A 市 107 个行业有工伤人员，排在工伤人数前 10 的除了第一位为其他服务业（见表 7-2），其余的均为制造业，有通用设备制造业、金属制品业、塑料制品业等。其他服务业的工伤数量居首，超过了众多的制造业，是否因从业人员非常多还是其他原因，值得进一步观察分析。

表 7-2　工伤人数最多的前 20 种行业分布

排名	行业	工伤人数（人）	占比（%）
1	其他服务业	23920	20.97
2	通用设备制造业	14824	13.00
3	金属制品业	14629	12.83
4	塑料制品业	9061	7.95
5	家具制造业	8757	7.68
6	通信设备、计算机及其他电子设备制造业	8108	7.11
7	工艺品及其他制造业	4610	4.04
8	造纸及纸制品业	4331	3.80
9	纺织服装、鞋、帽制造业	4121	3.61
10	皮革、毛皮、羽毛（绒）及其制品业	3786	3.32
11	零售业	2827	2.48
12	电气机械及器材制造业	2537	2.22
13	专用设备制造业	2062	1.81
14	橡胶制品业	1782	1.56
15	木材加工及木、竹、藤、棕、草制品业	1716	1.50
16	纺织业	1678	1.47
17	建筑业	1641	1.44
18	印刷业和记录媒介的复制业	1577	1.38
19	文教体育用品制造业	1073	0.94
20	餐饮业	1006	0.88

注：占比是以工伤职工最多的前 20 个行业工伤人数总和为分母计算的百分比。

资料来: 笔者整理。

271 个工种中出现了工伤人员，排在第一的是加工中心操作工，占比高达 33.24%。

工伤人数最多的前 20 种伤害部位以指为首位，占比高达 38.29%，其次为上肢，占比 15.62%（见表 7-3）。

表 7-3 工伤人数最多的前 20 种工伤伤害部位分布

排名	伤害部位	工伤人数（人）	占比（%）
1	指	46088	38.29
2	上肢	18800	15.62
3	复合伤	7903	6.57
4	腕及手	6772	5.63
5	眼部	5429	4.51
6	其他	4702	3.91
7	趾	4150	3.45
8	踝及脚	3092	2.57
9	掌	2932	2.44
10	头皮	2926	2.43
11	腰背部	2560	2.13
12	下肢	2401	1.99
13	前臂	2399	1.99
14	颅脑	1956	1.62
15	小腿	1675	1.39
16	腕	1577	1.31
17	面颌部	1487	1.24
18	胸部	1256	1.04
19	踝部	1138	0.95
20	膝部	1131	0.94

注：占比是以前 20 种伤害部位工伤人数总和为分母计算的百分比。

资料来源：笔者整理。

从月份分布看，3~8 月发生工伤事故的频数相对较高，每个月工伤人数占比都超过了 9%（见图 7-1 和表 7-4）。因为，这些月份是一年中相对气温较高的时段，高温环境对中枢神经系统有一定的抑制作用，对操作过程中的准确性、协调性、反应速度都有一定的影响，使得错误相对增加，从而造成工伤事故的相对高发。2月有一个下降的过程，主要是我国春节期间工程量陡降造成的。另外，6月有一个下降过程，很可能是每年一度的“安全生产月”活动带来的积极效果。

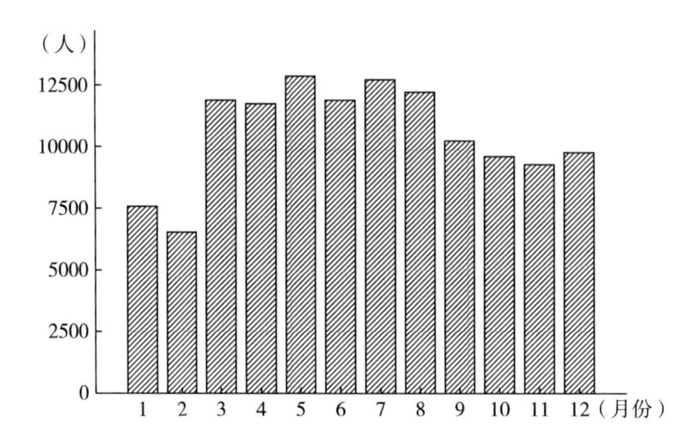

图 7-1　工伤人员月份分布

资料来源：笔者整理。

表 7-4　工伤发生的月份分布

月份	工伤人数（人）	占比（%）
1	7556	6.0
2	6510	5.2
3	11854	9.4
4	11737	9.3
5	12850	10.2
6	11874	9.4
7	12717	10.1
8	12244	9.7
9	10220	8.1
10	9596	7.6
11	9273	7.3
12	9755	7.7
总计	126186	100.0

资料来源：笔者整理。

A市工伤易发人群的年龄集中在工龄为1~5年的员工，占到所有工伤人员总数的44.4%，其次是1年以下的员工，占29.6%。10年以上最少（见表7-5），经验的积累起到至关重要的作用。

表7-5　工伤人员的工龄分布

工龄	工伤人数（人）	占比（%）
1年以下	35823	29.6
1~5年	53643	44.4
6~10年	24239	20.1
10年以上	7134	5.9
总计	120839	100.0

资料来源：笔者整理。

第二节　A市轻伤、重伤和工亡的发生特征

根据A市工伤信息系统的分类，将所有伤害按照伤害程度划分成轻伤、重伤和工亡三类，专门研究A市三类工伤职工的年龄、性别、文化程度、伤害部位、工种、事故类别、所在行业等因素的特征。

一、轻伤的发生特征

1. 轻伤与年龄

轻伤发生年龄的百分位分布特征从表7-6中可以看出，平均轻伤年龄为35.37岁左右，最小轻伤年龄为16岁，最大轻伤死亡年龄为73岁，标准差为10.05。

从图7-2年龄区间的直方图（将年龄从20岁到55岁每5岁划分为一个区间），可以看出，职工轻伤的高发期有两个时间区间，一个是在25~29岁，另一个是在40~44岁。偏度为0.21，说明为右偏，但偏斜程度不大，均值左边的数据较为集中，均值右边的则较为分散。峰度为-0.83，表示比标准正态分布平坦。

根据百分位数的含义，在发生轻伤的职工中，有1%的职工年龄小于18.42岁，25%的职工年龄小于26.66岁，75%的职工年龄小于43.33岁，99%的职工年龄小于58.40岁。1%~25%的职工发生轻伤的年龄跨度约为8岁，75%~99%

的职工发生轻伤的年龄跨度约为 15 岁。有近一半的职工发生轻伤的年龄小于 35.10 岁。

表 7-6 职工轻伤的发生年龄分析

	百分位数	观测值	
1%	18.42	最小值（岁）	16.00
5%	20.43	最大值（岁）	73.00
10%	22.26	观测样本数（个）	104986
25%	26.66	均值（岁）	35.37
50%	35.10	标准差	10.05
75%	43.33	方差	101.04
90%	48.69	偏度	0.21
95%	51.27	峰度	-0.83
99%	58.40	—	—

资料来源：笔者整理。

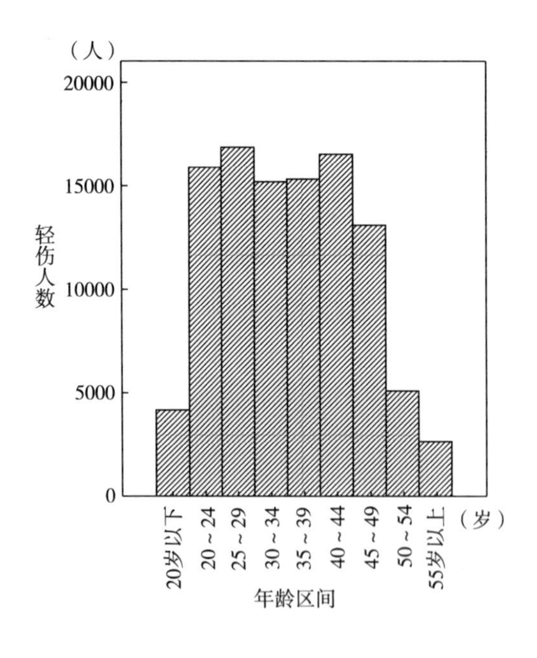

图 7-2 轻伤年龄区间的频数分布

资料来源：笔者整理。

2. 性别与发生轻伤的年龄百分位分布特征

综合表7-7、表7-8和图7-3可以看出，男女职工发生轻伤的最小年龄相同，女职工发生轻伤的最大年龄（68岁）小于男职工的最大年龄（73岁），女职工发生轻伤的平均年龄（36.59岁）大于男职工的平均年龄（35.13岁）。

表7-7　男职工轻伤发生年龄的百分位分布

	百分位数	观测值	
1%	18.41	最小值（岁）	16.00
5%	20.43	最大值（岁）	73.00
10%	22.23	观测样本数（个）	87466
25%	26.48	均值（岁）	35.13
50%	34.52	标准差	10.09
75%	43.01	方差	101.94
90%	48.72	偏度	0.28
95%	51.48	峰度	-0.78
99%	58.65	—	—

资料来源：笔者整理。

表7-8　女职工轻伤发生年龄的百分位分布

	百分位数	观测值	
1%	18.47	最小值（岁）	16.00
5%	20.41	最大值（岁）	68.00
10%	22.43	观测样本数（个）	17520
25%	28.25	均值（岁）	36.59
50%	37.95	标准差	9.74
75%	44.41	方差	94.79
90%	48.65	偏度	-0.15
95%	50.54	峰度	-0.95
99%	56.10	—	—

资料来源：笔者整理。

从标准差来看，女职工的要小一点，说明女职工的轻伤年龄集中程度要高一些，男职工则分散一些（见图7-3）。相比较而言，男职工发生轻伤的人员要年轻一些。

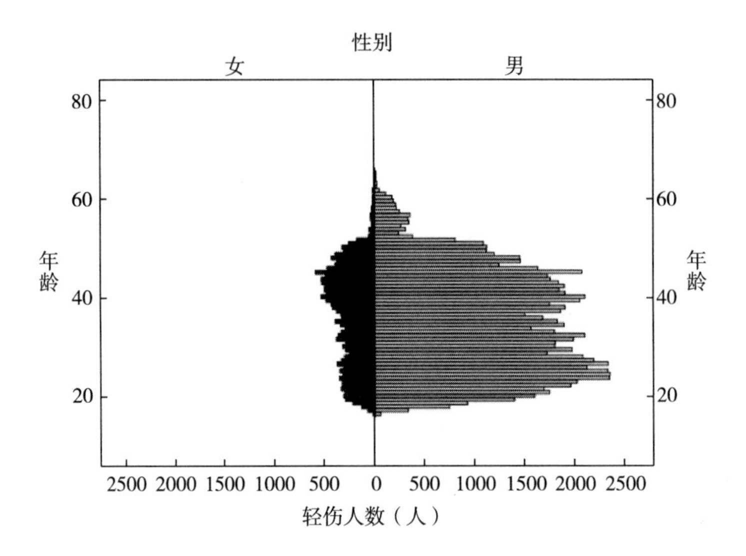

图 7-3　不同性别轻伤人员的年龄金字塔

资料来源：笔者整理。

3. 轻伤与所在行业

在 112 个行业中，105 个行业出现了轻伤案例。轻伤人数排在前 20 的行业如表 7-9 所示。排在前 3 位的分别是其他服务业、金属制品业和通用设备制造业。

表 7-9　轻伤与行业的关系

排名	行业分类	轻伤人数（人）	占比（%）
1	其他服务业	20000	21. 10
2	金属制品业	12111	12. 78
3	通用设备制造业	11973	12. 63
4	塑料制品业	7441	7. 85
5	家具制造业	7343	7. 75
6	通信设备、计算机及其他电子设备制造业	6631	7. 00
7	工艺品及其他制造业	3768	3. 98
8	造纸及纸制品业	3653	3. 85
9	纺织服装、鞋、帽制造业	3486	3. 68
10	皮革、毛皮、羽毛（绒）及其制品业	3100	3. 27
11	零售业	2381	2. 51

续表

排名	行业分类	轻伤人数（人）	占比（%）
12	电气机械及器材制造业	2137	2.25
13	专用设备制造业	1759	1.86
14	建筑业	1581	1.67
15	橡胶制品业	1496	1.58
16	木材加工及木、竹、藤、棕、草制品业	1492	1.57
17	纺织业	1418	1.50
18	印刷业和记录媒介的复制业	1293	1.36
19	文教体育用品制造业	864	0.91
20	餐饮业	857	0.90

注：占比是指某行业轻伤人数占前20个行业轻伤总人数的比重。

资料来源：笔者整理。

4. 轻伤与工种

268个工种出现轻伤案例，排在轻伤人数前20的工种情况如表7-10所示。其中，排在前3位的分别是加工中心操作工，专业、技术人员，体力工人。

表7-10 轻伤与工种的关系

排名	工种分类	轻伤人数（人）	占比（%）
1	加工中心操作工	23055	33.47
2	专业、技术人员	9166	13.31
3	体力工人	5603	8.13
4	生产运输工人	5379	7.81
5	冲压工	4461	6.48
6	木工	3696	5.36
7	机械设备维修工	2334	3.39
8	机械制造加工人员	1973	2.86
9	电工	1466	2.13
10	电子组件、器件制造工	1292	1.87
11	餐厅服务员、厨工	1244	1.80
12	治安保卫人员	1184	1.72
13	建筑和工程施工人员	1155	1.68

续表

排名	工种分类	轻伤人数（人）	占比（%）
14	清洁工	1106	1.61
15	塑料制品加工人员	1062	1.54
16	仓储人员	1034	1.50
17	车工	976	1.42
18	焊工	927	1.35
19	社会服务人员	886	1.29
20	工业管理工程技术人员	880	1.28

注：占比是指某工种轻伤人数占前20个工种轻伤总人数的比重。

资料来源：笔者整理。

5. 轻伤与文化程度

排除没有填写文化程度的34724例轻伤案例，还有70262例，从已填写该项目的数据分析结果来看，初中占比最大，为60.98%；其次是普通高中，占16.08%；再次是小学，占7.06%（见表7-11）。

表7-11 轻伤与文化程度的关系

受教育程度	轻伤人数（人）	占比（%）
博士研究生	26	0.04
硕士研究生	53	0.07
大学本科	981	1.40
大学专科	2362	3.36
中等专科	4909	6.99
职业高中	883	1.26
技工学校	1274	1.81
普通高中	11297	16.08
初中	42844	60.98
小学	4962	7.06
其他	671	0.95
总计	70262	100.0

资料来源：笔者整理。

可以看出，轻伤群体中约 95%是中等教育程度以下学历，呈现出文化程度越高，轻伤发生频率越小，可能与就业岗位风险有关，文化程度越高，越有可能从事高技术、低风险的工作，安全意识也越强。

6. 轻伤与伤害部位

35 种伤害部位出现轻伤案例，排在轻伤第一位的是指，占到前 20 种伤害部位轻伤总人数的 45.94%；第二位为腕及手，占 6.73%；第三位为复合伤，占 6.36%。前 3 位工伤人数占到前 20 位伤害部位轻伤总人数的将近 60%，其他伤害部位占比均小于 5%（见表 7-12）。

表 7-12　轻伤与伤害部位的关系

排名	伤害部位	轻伤人数（人）	占比（%）
1	指	45793	45.94
2	腕及手	6706	6.73
3	复合伤	6345	6.36
4	眼部	4701	4.72
5	趾	4122	4.13
6	上肢	3597	3.61
7	其他	3408	3.42
8	踝及脚	3072	3.08
9	头皮	2907	2.92
10	掌	2901	2.91
11	腰背部	2536	2.54
12	前臂	2381	2.39
13	下肢	2369	2.38
14	小腿	1655	1.66
15	腕	1569	1.57
16	面颌部	1285	1.29
17	踝部	1129	1.13
18	膝部	1114	1.12
19	胸部	1098	1.10
20	颅脑	998	1.00

注：占比是指某伤害部位轻伤人数占前 20 种伤害部位轻伤总人数的比重。

资料来源：笔者整理。

二、重伤的发生特征

本部分专门研究A市工伤保险系统中发生的重伤与受害职工年龄、性别、文化程度、伤害部位、工种、事故类别、所在行业等因素的关系。

1. 重伤与年龄

通过对1023个样本的分析，发生重伤的平均年龄是37.24岁（见表7-13）。

表7-13　发生重伤的年龄百分位分布

	百分位数	观测值	
1%	18.14	最小值（岁）	16.00
5%	20.85	最大值（岁）	68.00
10%	23.00	观测样本数（个）	1023
25%	27.91	均值（岁）	37.24
50%	37.57	标准差	10.76
75%	45.39	方差	115.76
90%	50.86	偏度	0.15
95%	55.80	峰度	-0.78
99%	61.06	—	—

资料来源：笔者整理。

2. 不同性别重伤者的年龄分布特征

从表7-14可以看出，男职工发生重伤的平均年龄是37.23岁，标准差为10.89，峰度为-0.78，偏度为0.20，分布较平坦，向右偏（见图7-4）。

表7-14　男职工发生重伤年龄的百分位分布

	百分位数	观测值	
1%	18.15	最小值（岁）	16.00
5%	20.93	最大值（岁）	68.00
10%	23.04	观测样本数（个）	839
25%	27.81	均值（岁）	37.23
50%	37.35	标准差	10.89
75%	45.61	方差	118.48

续表

	百分位数	观测值	
90%	51.07	偏度	0.20
95%	55.99	峰度	-0.78
99%	61.77	—	—

资料来源：笔者整理。

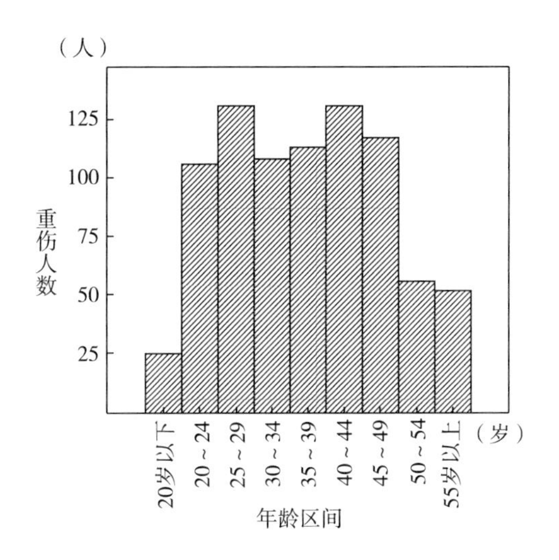

图 7-4　男职工重伤年龄区间直方图

资料来源：笔者整理。

从表 7-15 可以看出，女职工重伤的平均年龄是 37.31 岁，标准差为 10.20，峰度为-0.80，偏度为-0.15，分布较平坦，向左偏（见图 7-5）。

表 7-15　女职工发生重伤的年龄百分位分布

	百分位数	观测值	
1%	17.11	最小值（岁）	16.00
5%	20.67	最大值（岁）	60.00
10%	22.13	观测样本数（个）	184
25%	28.48	均值（岁）	37.31
50%	39.19	标准差	10.20

续表

	百分位数	观测值	
75%	45.13	方差	103.96
90%	48.71	偏度	-0.15
95%	52.63	峰度	-0.80
99%	58.45	—	—

资料来源：笔者整理。

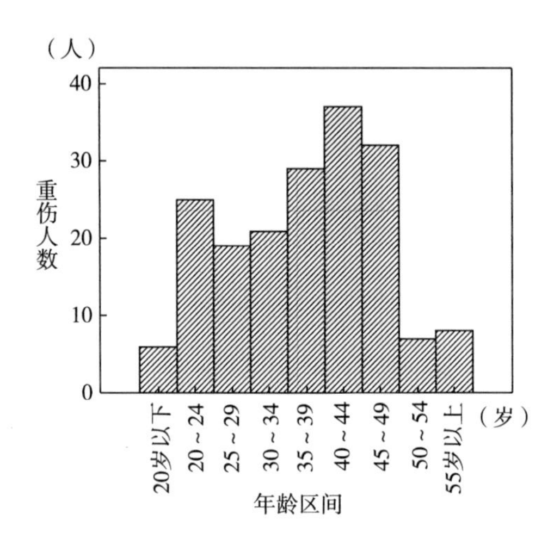

图 7-5　女职工重伤的年龄区间直方图

资料来源：笔者整理。

综合表 7-14、表 7-15 和图 7-4、图 7-5 男女职工重伤的年龄区间的直方图（将年龄从 20 岁到 55 岁每 5 岁划分一个区间）以及图 7-6，男女职工发生重伤的最小年龄和平均年龄相同（相近），女职工发生重伤的最大年龄（60 岁）小于男性职工发生重伤的最大年龄（68 岁）。从标准差来看，男女职工的重伤年龄集中程度也比较接近。

3. 重伤与所在行业

65 个行业出现了重伤案例（缺失值 14 个）。其中重伤人数排在前 5 位的行业分别是其他服务业，金属制品业，通用设备制造业，塑料制品业和通信设备、计算机及其他电子设备制造业（见表 7-16）。

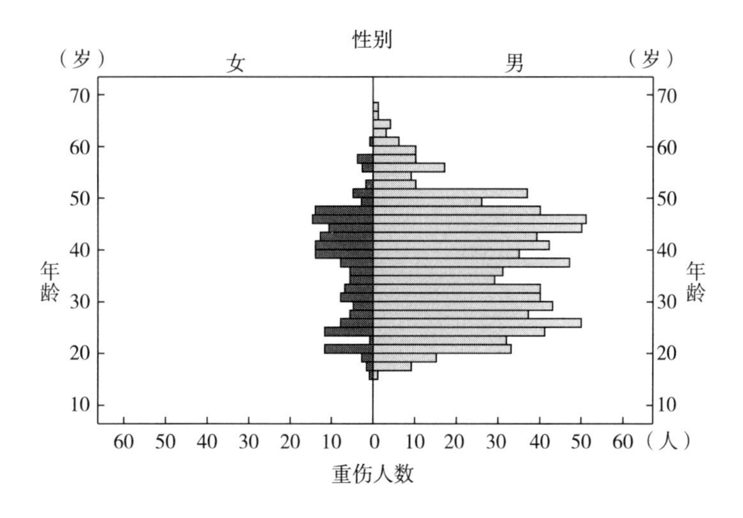

图 7-6　不同性别重伤人员的年龄结构

资料来源：笔者整理。

表 7-16　重伤与行业的关系

排名	行业分类	重伤人数（人）	占比（%）
1	其他服务业	167	30.76
2	金属制品业	114	20.99
3	通用设备制造业	113	20.81
4	塑料制品业	82	15.10
5	通信设备、计算机及其他电子设备制造业	67	12.34

注：占比是该行业重伤人数占前 5 个行业重伤总人数的比重。

资料来源：笔者整理。

4. 重伤与工种

126 个工种出现重伤案例（缺失值 168 个），排在重伤人数前 5 位的工种分别是加工中心操作工，冲压工，治安保卫人员，专业、技术人员和体力工人（见表 7-17）。

表 7-17　重伤与工种的关系

排名	工种分类	重伤人数（人）	占比（%）
1	加工中心操作工	113	41.09

续表

排名	工种分类	重伤人数（人）	占比（%）
2	冲压工	55	20.00
3	治安保卫人员	37	13.45
4	专业、技术人员	36	13.09
5	体力工人	34	12.36

注：占比是指某工种重伤人数占前 5 个工种重伤总人数的比重。

资料来源：笔者整理。

5. 重伤与文化程度

排除没有填写文化程度的 376 例重伤案例，从已填写该项目的数据分析结果来看，初中占比最大，为 54.5%；普通高中占 19.3%；中等专科占 8.5%；小学占 7.3%（见表 7-18）。可以看出，重伤群体约 63%是初中及以下的学历，呈现出文化程度越高，重伤发生频率越小，可能与其就业岗位风险有关。说明文化程度越低的职工越有可能从事工伤风险高的工作，而文化程度越高的职工越有可能从事高技术低风险的工作，安全意识也越强。

表 7-18　重伤员工的文化程度分布

受教育程度	重伤人数（人）	占比（%）
大学本科	12	2.3
大学专科	29	5.6
中等专科	44	8.5
职业高中	2	0.4
技工学校	7	1.3
普通高中	100	19.3
初中	283	54.5
小学	38	7.3
其他	4	0.8
总计	519	100.0

资料来源：笔者整理。

6. 重伤与伤害部位

14 种伤害部分出现重伤案例，排在重伤人数前 5 位的伤害部位占了重伤总

人数的74.58%，这些伤害部位分别是：复合伤、指、颅脑、上肢、腕及手，具体情况如表7-19所示。

表7-19　重伤与伤害部位的关系

排名	伤害部位	重伤人数（人）	占比（%）
1	复合伤	358	46.92
2	指	178	23.33
3	颅脑	109	14.29
4	上肢	70	9.17
5	腕及手	48	6.29

注：占比是指该事故类别重伤人数占前5个伤害部位重伤总人数的比重。

资料来源：笔者整理。

7. 重伤与事故类别

23种事故类别中17种出现重伤案例，排在重伤人数前5位的事故类别占了总重伤人数的86.6%，这些事故类别分别是机械伤害，提升、车辆伤害，其他伤害，高处坠落，物体打击（见表7-20）。

表7-20　重伤与事故类别的关系

排名	事故类别	重伤人数（人）	占比（%）
1	机械伤害	304	34.31
2	提升、车辆伤害	242	27.31
3	其他伤害	126	14.22
4	高处坠落	119	13.43
5	物体打击	95	10.73

注；占比是指该事故类别重伤人数占前5个事故类别重伤总人数886人的比重。

资料来源：笔者整理。

三、工亡的发生特征

本部分专门研究A市工伤保险系统中发生的工亡案例与受害职工年龄、性别、文化程度、伤害部位、工种、事故类别、所在行业等因素的关系。

1. 工亡与年龄

分析1057位工亡职工的死亡年龄，按照年龄区间的分布（见表7-21），死亡的峰值在45~49岁这个年龄段。

表7-21 工亡年龄区间的分布

死亡年龄	死亡人数（人）	占死亡总人数比重（%）
20岁以下	11	1.0
20~24岁	82	7.8
25~29岁	109	10.3
30~34岁	96	9.1
35~39岁	132	12.5
40~44岁	186	17.6
45~49岁	198	18.7
50~54岁	100	9.5
55岁以上	143	13.5
总计	1057	100.0

资料来源：笔者整理。

根据对1057个死亡样本的分析，职工工亡年龄均值为41.66岁（见表7-22），最小死亡年龄仅为17岁，最大死亡年龄为70岁，标准差为11.08。偏度为-0.12，说明为左偏，但偏斜程度不大，峰度为-0.74，表示比标准正态分布平坦（见图7-7）。

根据百分位数的含义，在发生工亡的职工中，有1%的年龄小于19.75岁，25%的年龄小于33.31岁，75%的年龄小于49.45岁，99%的年龄小于63.02岁。前1%~25%和前75%~99%的职工发生工亡的年龄跨度都约为14岁。有近一半的职工发生工亡的年龄小于42.77岁。

表7-22 职工工亡发生年龄分布

	百分位数	观测值	
1%	19.75	最小值（岁）	17.00
5%	22.74	最大值（岁）	70.00
10%	25.39	观测样本数（个）	1057

续表

	百分位数	观测值	
25%	33.31	均值（岁）	41.66
50%	42.77	标准差	11.08
75%	49.45	方差	122.78
90%	56.58	偏度	-0.12
95%	59.37	峰度	-0.74
99%	63.02	—	—

注：所有数据按四舍五入精确到小数点后两位。

资料来源：笔者整理。

根据百分位数的含义，在发生工亡的男性职工中，有1%的职工年龄小于20.02岁，25%的职工年龄小于34.56岁，75%的男职工年龄小于50.18岁，99%的男职工年龄小于63.24岁。1%~25%的男职工发生工亡的年龄跨度约为14.54岁，75%~99%的男职工发生工亡的年龄跨度约为13.06岁。有近一半的男职工发生工亡的年龄小于43.41岁。

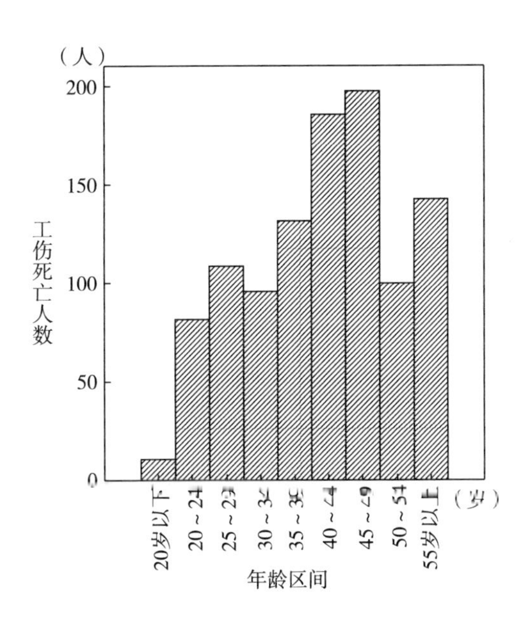

图7-7　职工工亡年龄区间直方图

资料来源：笔者整理。

2. 性别与工亡的年龄百分位分布特征

男职工平均死亡年龄为 42. 38 岁左右，最小死亡年龄仅为 17 岁，最大死亡年龄为 69 岁，标准差为 11. 00（见表 7-23）。偏度为-0. 17，说明为左偏，但偏斜程度不大，峰度为-0. 69，表示比标准正态分布平坦（见图 7-8）。

表 7-23　男职工工亡发生年龄分布

	百分位数	观测值	
1%	20. 02	最小值（岁）	17. 00
5%	23. 22	最大值（岁）	69. 00
10%	26. 24	观测样本数（个）	851
25%	34. 56	均值（岁）	42. 38
50%	43. 41	标准差	11. 00
75%	50. 18	方差	120. 99
90%	57. 16	偏度	-0. 17
95%	59. 51	峰度	-0. 69
99%	63. 24	—	—

注：所有数据按四舍五入精确到小数点后两位。

资料来源：笔者整理。

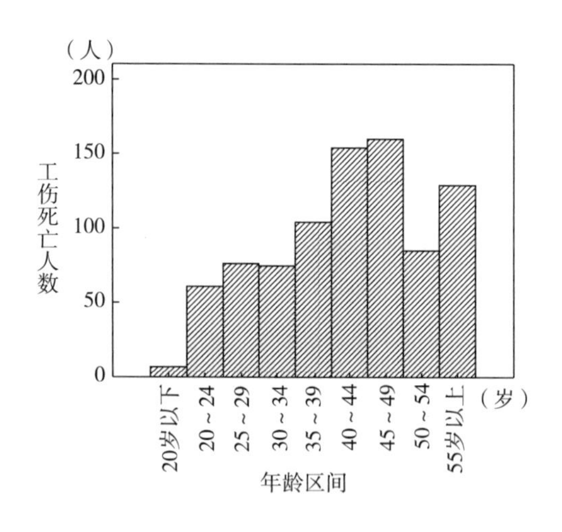

图 7-8　男职工工亡年龄直方图

资料来源：笔者整理。

女职工平均死亡年龄为 38. 65 岁左右，最小死亡年龄仅为 18 岁，最大死亡

年龄为 70 岁，标准差为 10.93（见表 7-24）。偏度为 0.11，说明为右偏，但偏斜程度不大，峰度为-0.76，表示比标准正态分布要平坦一些（见图 7-9）。

根据百分位数的含义，在发生工亡的女职工中，有 1%的女职工年龄小于 19.63 岁，25%的女职工年龄小于 29.34 岁，75%的女职工年龄小于 46.40 岁，99%的女职工年龄小于 62.29 岁。1%～25%的女职工发生工亡的年龄跨度约为 9.71 岁，75%～99%的女职工发生工亡的年龄跨度约为 15.89 岁。有近一半的女职工发生工亡的年龄小于 39.34 岁。

表 7-24　女职工工亡发生年龄分布

	百分位数	观测值	
1%	19.63	最小值（岁）	18.00
5%	21.50	最大值（岁）	70.00
10%	24.42	观测样本数（个）	206
25%	29.34	均值（岁）	38.65
50%	39.34	标准差	10.93
75%	46.40	方差	119.53
90%	52.97	偏度	0.11
95%	56.39	峰度	-0.76
99%	62.29	—	—

注：所有数据按四舍五入精确到小数点后两位。

资料来源：笔者整理。

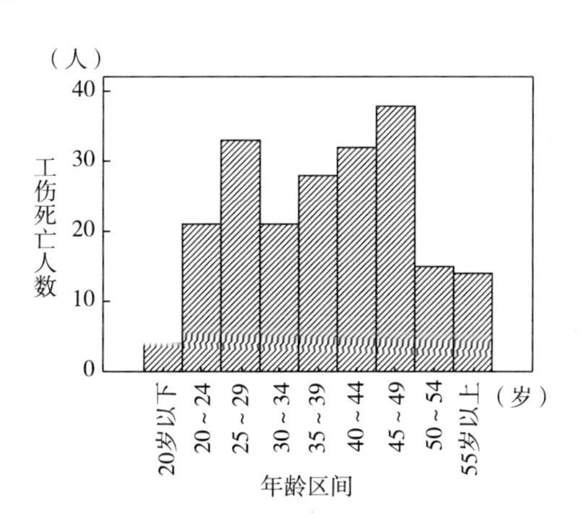

图 7-9　女职工工亡年龄区间直方图

资料来源：笔者整理。

综合表7-23、表7-24和图7-7、图7-8、图7-9，女职工发生工亡的最小年龄和最大年龄均大于男职工的，而女职工发生工亡的平均年龄小于男职工的。从标准差较为接近可以看出，两性的年龄集中程度较为接近。相比较而言，女职工发生工亡的年龄要年轻一些（见图7-10）。

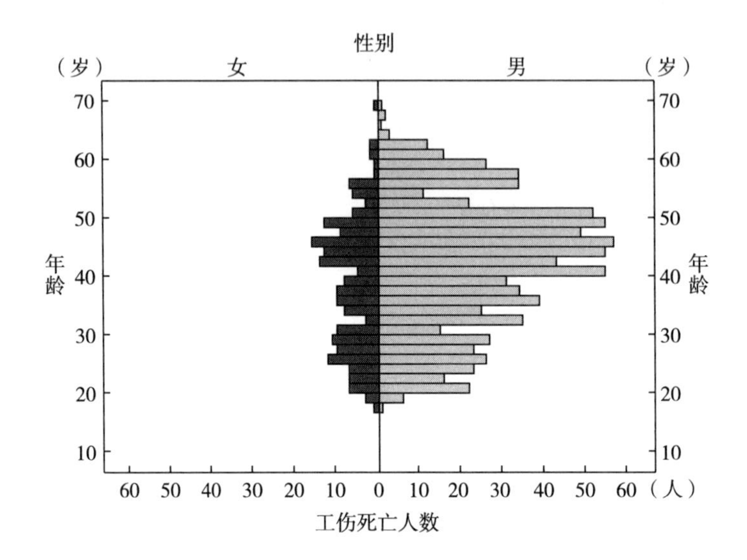

图7-10 不同性别工亡年龄结构

资料来源：笔者整理。

3. 工亡与所在行业

74个行业出现了工亡案例（缺失值11个）。其中工亡人数排在前5位的行业为其他服务业，通用设备制造业，塑料制品业，通信设备、计算机及其他电子设备制造业，金属制品业（见表7-25）。

表7-25 工亡与行业的关系

排名	行业分类	工亡人数（人）	占比（%）
1	其他服务业	210	42.51
2	通用设备制造业	107	21.66
3	塑料制品业	62	12.55
4	通信设备、计算机及其他电子设备制造业	61	12.35

续表

排名	行业分类	工亡人数（人）	占比（%）
5	金属制品业	54	10.93

注：占比是该行业死亡人数占前 5 个行业工亡总人数的比重。

资料来源：笔者整理。

4. 工亡与工种

119 个工种出现工亡案例（缺失值 182 个），排在死亡人数前 5 位的工种是加工中心操作工，体力工人，治安保卫人员，专业、技术人员，清洁工（见表 7-26）。

表 7-26　工亡与工种的关系

排名	工种分类	工亡人数（人）	占比（%）
1	加工中心操作工	53	29.28
2	体力工人	43	23.76
3	治安保卫人员	37	20.44
4	专业、技术人员	26	14.36
5	清洁工	22	12.15

注：占比是指该工种死亡人数占前 5 个工种死亡总人数的比重。

资料来源：笔者整理。

5. 工亡与文化程度

排除没有填写文化程度的 858 案例，从已有数据分析结果来看，初中占比最大，为 51.8%；其次是普通高中，占 16.1%；最后是小学，占 12.1%（见表 7-27）。可以看出，工亡人群中约 65%的是初中及以下学历，呈现出文化程度越高，工亡发生频率越小，可能与其就业岗位风险有关。文化程度越高，越有可能从事高技术低风险的工作，安全意识也越强。

表 7-27　工亡与文化程度关系

受教育程度	死亡人数（人）	占比（%）
硕士研究生	1	0.5
大学本科	7	3.5

续表

受教育程度	死亡人数（人）	占比（%）
大学专科	11	5.5
中等专科	18	9.0
技工学校	1	0.5
普通高中	32	16.1
初中	103	51.8
小学	24	12.1
其他	2	1.0
总计	199	100.0

资料来源：笔者整理。

6. 工亡与伤害部位

14 种伤害部位出现工亡案例，排在死亡人数前 5 位的伤害部位占了总死亡人数的 98.3%，这些伤害部位分别是其他、颅脑、复合伤、脑、胸部，具体情况如表 7-28 所示。

表 7-28　工亡与伤害部位的关系

排名	伤害部位	死亡人数（人）	占比（%）
1	其他	522	50.24
2	颅脑	244	23.48
3	复合伤	225	21.66
4	脑	35	3.37
5	胸部	13	1.25

注：占比是指该伤害部位死亡人数占前 5 个伤害部位死亡总人数的比重。

资料来源：笔者整理。

7. 工亡与事故类别

14 种事故类别出现工亡案例，排在死亡人数前 5 位的事故类别占了总死亡人数的 89.59%，这些事故类别分别是提升、车辆伤害，突发疾病，其他伤害，高处坠落，物体打击（见表 7-29）。

表 7-29　工亡与事故类别的关系

排名	事故类别	死亡人数（人）	占比（%）
1	提升、车辆伤害	327	34.53
2	突发疾病	289	30.52
3	其他伤害	218	23.02
4	高处坠落	79	8.34
5	物体打击	34	3.59

注：占比是指该事故类别死亡人数占前 5 个事故类别死亡总人数的比重。

资料来源：笔者整理。

第三节　A 市一至十级工伤发生特征的比较分析

本节拟将 A 市近三年的工伤分成一至十级，选择交叉列联表、频数分析、独立样本 T 检验、方差分析、回归分析等方法，对相关的因素进行分析。

一、一至十级工伤的发生特征比较研究

1. 一至十级工伤频数分布表

从 A 地区近三年数据分析来看，有效值有 44269 个，缺失值为 90209 个（见表 7-30）。从表 7-31 可以看出，一至十级工伤频数分布具有如下特征：一至十级占所有工伤人数的 0.23%，五至十级占所有工伤人数的 81.04%，说明绝大多数伤害属轻伤。未达等级占所有工伤人数的 18.7%（见表 7-30）。

表 7-30　一至十级工伤频数分布

工伤等级	工伤人数（人）	占所有工伤人数的百分比（%）	占所有工伤人数的累计百分比（%）
未达等级	8292	18.7	18.7
伤残一级	11	0.0	18.8
伤残二级	21	0.0	18.8
伤残三级	32	0.1	18.9
伤残四级	37	0.1	19.0

续表

工伤等级	工伤人数（人）	占所有工伤人数的百分比（%）	占所有工伤人数的累计百分比（%）
伤残五级	253	0.6	19.6
伤残六级	367	0.8	20.4
伤残七级	1204	2.7	23.1
伤残八级	1547	3.5	26.6
伤残九级	5332	12.0	38.6
伤残十级	27173	61.4	100.0
合计	44269	100.0	—

资料来源：笔者整理。

表 7-31　三大类一至十级工伤频数分布

工伤等级	工伤人数（人）	占所有工伤人数的百分比（%）	占所有工伤人数的累计百分比（%）
一至四级	101	0.23	0.23
五至七级	1824	4.12	4.35
八至十级	34052	76.92	81.27
级外	8292	18.73	100.00
合计	44269	100.0	—

资料来源：笔者整理。

2. 一至十级工伤与发生工伤的年龄

表 7-32 显示的是工伤等级与发生工伤的平均年龄分布情况，进一步将伤残等级分成三类（表见 7-33），呈现工伤等级越高，平均年龄越小的特点。

表 7-32　工伤等级与发生工伤的平均年龄分布

工伤等级	平均年龄（岁）
伤残一级	43.49
伤残二级	38.59
伤残三级	41.69
伤残四级	39.66

续表

工伤等级	平均年龄（岁）
伤残五级	36.94
伤残六级	35.65
伤残七级	37.73
伤残八级	38.68
伤残九级	37.94
伤残十级	35.56
未达等级	34.71

资料来源：笔者整理。

表 7-33　三大类工伤等级与发生工伤的平均年龄

伤残等级	发生年龄的均值（岁）
一至四级	40.50
五至七级	37.88
八至十级	35.95

资料来源：笔者整理。

二、不同特征的工伤等级差异比较

1. 不同文化程度的工伤等级差异比较

首先将变量赋值：博士研究生 = 1，硕士研究生 = 2，大学本科 = 3，大学专科 = 4，中等专科 = 5，职业高中 = 6，技工学校 = 7，普通高中 = 8，初中 = 9，小学 = 10，将文化程度划分成中等专科以下文化程度（≥5）和大学专科以上文化程度（<5）两个组。假设：处于不同文化程度组的工伤人员的伤害程度（工伤一至十级）是无差异的，再用独立样本 T 检验来加以检验。T 检验概率 P 值小于 0.05，拒绝零假设，得出不同文化程度分组的工伤伤害程度有差异，通过了显著性检验。

分析可以看出（见表 7-34），大学专科以上文化程度与中等专科以下文化程度的伤残等级一至十级有差异，中等专科以下文化程度的伤残等级均值是 9.6408 大于大学以上受教育程度的 9.5028，即受教育程度越高，平均伤残等级越高，受伤程度越重。

表 7-34　不同文化程度的工伤等级差异独立样本 T 检验

		方差方程的 Levene 检验		均值方程的 T 检验						
		F	Sig.	t	df	Sig.（双侧）	均值差值	标准误差值	差分的 95%置信区间 下限	差分的 95%置信区间 上限
伤残等级去零	假设方差相等	17.889	0.000	4.763	20864	0.000	0.13804	0.02898	0.08124	0.19484
	假设方差不相等	—	—	4.804	977.406	0.000	0.13804	0.02873	0.08165	0.19442

资料来源：笔者整理。

2. 不同性别的工伤等级差异比较

运用独立样本 T 检验对不同性别的工伤等级差异加以检验（见表 7-35）。T 检验概率 P 值 0.000 小于 0.05，得出不同性别的工伤人员伤残程度有差异。从独立样本 T 检验中可得，排除未达等级的情况后，男女工伤伤残等级的均值分别是 9.5609 和 9.6168，说明男性平均伤残等级比女性要低一些，受伤程度要严重一些。

表 7-35　不同性别的工伤等级差异比较的独立样本 T 检验

		方差方程的 Levene 检验		均值方程的 T 检验						
		F	Sig.	t	df	Sig.（双侧）	均值差值	标准误差值	差分的 95%置信区间 下限	差分的 95%置信区间 上限
伤残一至十级	假设方差相等	46.557	0.000	4.007	35975	0.000	0.056	0.014	0.029	0.083
	假设方差不相等	—	—	4.261	8258.817	0.000	0.056	0.013	0.030	0.082

资料来源：笔者整理。

3. 不同年龄区间工伤等级差异分析

随着年龄的升高，各年龄段工伤伤残等级均值逐渐减少，说明伤残程度越发严重，尤其是 50~54 岁和 55 岁以上群体变化最大，说明 55 岁以上群体伤残程度最为严重（见图 7-11）。

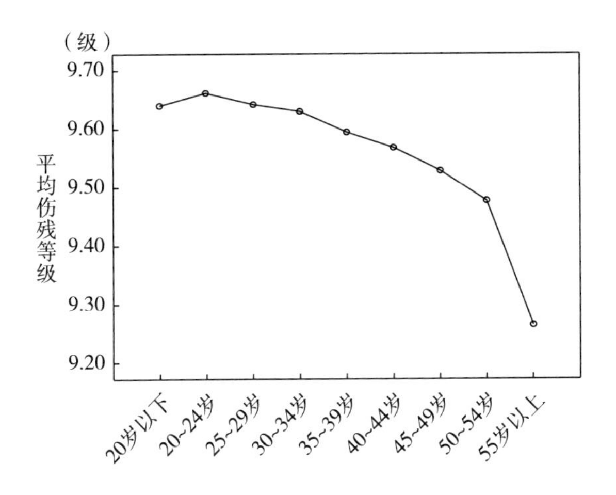

图 7-11　不同年龄区间伤残等级的方差均值

资料来源：笔者整理。

4. 不同工龄工伤等级差异分析

随着工龄的升高，总体呈现工伤等级均值逐渐走高的趋势，也说明岗位工作时间越长，积累的经验越丰富，其伤害严重程度越低的特点（见图 7-12）。

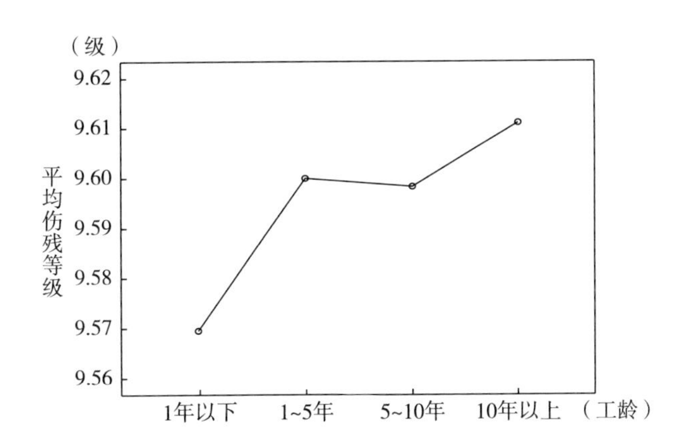

图 7-12　不同工龄伤残等级的方差均值

资料来源：笔者整理。

5. 工龄与年龄的交叉影响分析

通过工龄与年龄的交叉影响分析，我们得出工伤易发人群集中在工龄为 1~5 年的员工，占所有工伤人员总数的 44.4%；其次是 1 年以下的员工，占 29.6%；

再次是 5~10 年的员工，占 20.1%；10 年以上最少，经验的积累起到至关重要的作用。

对工龄与年龄的交叉列联表分析显示：一般情况下，1~5 年工龄为最多工伤人数区间，其中又以 20~30 岁的人出现各类伤害最多；其次是 1 年以下工龄的员工，20~25 岁的人出现各类伤害最多。

在死亡、重伤、轻伤三种情况下，工龄与年龄的交叉列联表分析又可以得出不同的结果：①当出现工亡时，1~5 年工龄为最多工亡人数区间，以 45~49 岁的人数最多，其次是 40~44 岁的人。②当出现重伤时，1~5 年工龄为最多重伤人数区间，有两个年龄段的人较多，40~44 岁的人为最多，其次是 25~29 岁的人。③当出现轻伤时，1~5 年工龄为最多轻伤人数区间，25~29 岁的人数最多，1 年以下工龄为第二多轻伤人数区间，20~24 岁为人数最多区间。

6. 不同伤害部位工伤等级差异分析

图 7-13 是工伤人数排名前 3 位的伤害部位的伤残等级方差均值图，从图的走势来看显现出排名越靠前的伤害部位，工伤等级越高，严重程度越低的特点。手指部位的伤害尽管是排名第一的伤害种类，但其在前 3 种伤害的平均伤害严重程度相对最低。

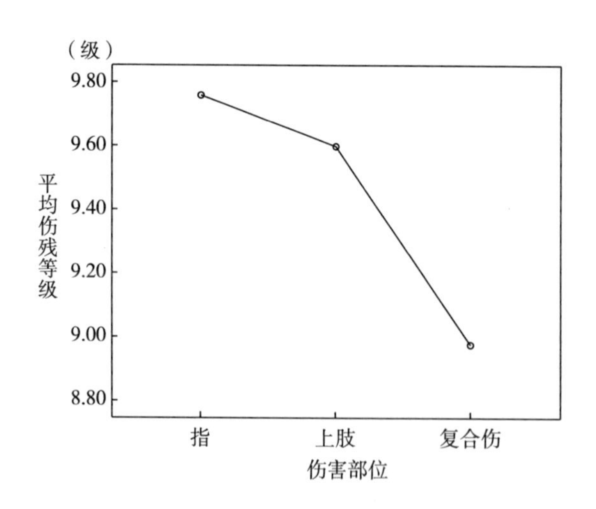

图 7-13　排名前 3 位的伤害部位的伤残等级方差均值

资料来源：笔者整理。

7. 不同工种的工伤等级差异分析

图 7-14 是工伤人数排名前 3 位的工种的伤残等级方差均值图，从图的走势

来看，排在第二的专业、技术人员的伤害严重程度最低，这一点和我们的主观认知一致，伤害最严重的是排在第三的体力工人。

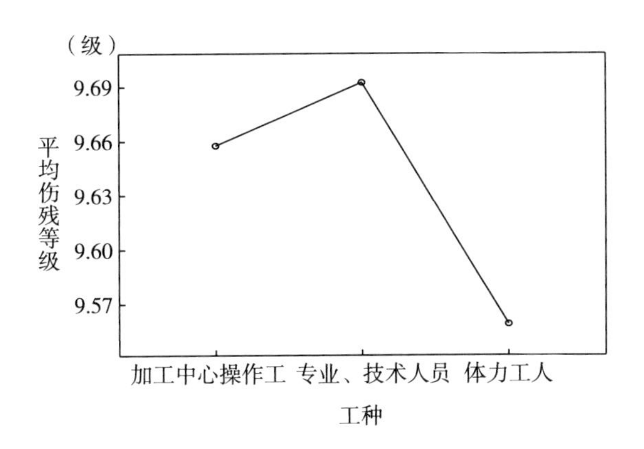

图 7-14　排名前 3 位的工种的伤残等级方差均值

资料来源：笔者整理。

8. 不同行业的工伤等级差异分析

图 7-15 是工伤人数排名前 3 位的行业的伤残等级方差均值图，从图的走势来看，排在第二的通用设备制造业伤害严重程度最低，伤害最严重的是排在第三的金属制品业。

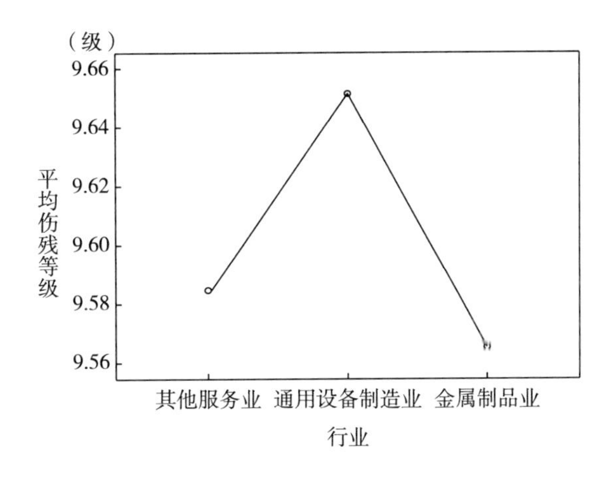

图 7-15　排名前 3 位的行业的伤残等级方差均值

资料来源：笔者整理。

三、一至十级工伤影响因素的多项有序回归分析

变量的基本情况如表 7-36 所示。因变量为伤残等级，将一至十级伤残等级数据归为三类，1=一至四级，2=五至九级，3=十级。

表 7-36 变量的描述性统计

变量	样本量	最小值	最大值	平均数	标准差
伤残等级	34259	1	3	2.76	0.43
性别	120839	0	1	0.83	0.37
年龄	120839	16	73	34.94	9.92
婚姻状况	72433	1	3	1.27	0.45
文化程度	73093	1	10	8.29	1.57
工龄	120839	1	4	2.02	0.86
行业	52339	1	3	1.83	0.83
工种	37453	1	3	1.53	0.73
伤害部位	81545	1	5	1.89	1.24

资料来源：笔者整理。

第一组自变量为个体性自变量，包括性别、年龄、文化程度、婚姻状况这些人口学变量。其中，年龄为连续变量；性别分为男、女；文化程度分为博士研究生、硕士研究生、大学本科、大学专科、中等专科、职业高中、技工学校、普通高中、初中、小学；婚姻状况分为已婚、未婚、丧偶和离异。

第二组自变量为职业伤害自变量，将排在工伤人数占比最靠前的伤害部位、行业、工种作为选项。伤害部位前 5 位是指、上肢、复合伤、腕及手、眼部；行业中排在最前面的 3 种是其他服务业、通用设备制造业、金属制品业；工种的前 3 位是加工中心操作工，专业、技术人员，体力工人；工龄分为 1 年以下、1~5 年、5~10 年、10 年以上工龄。

由于伤残等级的不同类别间存在轻重的内在顺序，所以统计分析采用了多项有序回归分析方法（PLUM-Ordinal Regression），构造多项有序 Logistic 模型。连接函数用 Logit。

在进行模型建构前，先考虑各影响因素对因变量伤残等级的作用，采用的方法是在交叉表中依次对各自变量进行卡方检验，筛选出有意义的变量。所有变量均达到显著性水平，通过了检验。但是代入模型后，在 $\alpha=0.05$ 的水平上，有些

变量不再显著，被排除。

分析多项有序变量的回归分析样本概况（见表7-37），十级伤残占到所有样本的82.0%，而一至四级仅占0.1%；78.4%的受伤部位是指；文化程度以初中毕业为最多，约占65.5%；工龄为1～5年的占46.4%；行业中其他服务业占42.8%。

表7-37　多项有序回归分析的样本概况

		N	占比（%）
伤残等级	一至四级	9	0.1
	五至九级	1223	17.8
	十级	5624	82.0
伤害部位	指	5374	78.4
	上肢	463	6.8
	复合伤	438	6.4
	腕及手	436	6.4
	眼部	145	2.1
工龄	1年以下	1602	23.4
	1～5年	3178	46.4
	5～10年	1576	23.0
	10年以上	500	7.3
行业三类	其他服务业	2932	42.8
	通用设备制造业	1930	28.2
	金属制品业	1994	29.1
文化程度	博士研究生	2	0.0
	硕士研究生	2	0.0
	大学本科	41	0.6
	大学专科	166	2.4
	中等专科	414	6.0
	职业高中	67	1.0
	技工学校	116	1.7
	普通高中	1036	15.1
	初中	4488	65.5
	小学	524	7.6

续表

	N	占比（%）
有效样本	6856	100.0
无效样本	113983	—
总计	120839	—

资料来源：笔者整理。

模型拟合信息得到零模型和当前模型的回归方程显著性检验结果，其中，零模型的-2倍对数似然为6486.046，当前模型为5691.813，似然比卡方为794.233，概率为0.000，说明解释变量全体与连接函数之间的线性关系显著，模型选择正确。拟合度表给出了模型拟合优度检验的统计量，其中Pearson卡方检验和偏差统计量检验的概率p值都大于显著性水平0.05，可以认为模型拟合效果很理想。

回归线平行是位置模型的基本假设。如果违背就说明连接函数选择不恰当。从平行线检验可以看出，5691.813是将各斜率约束为相等时模型的-2倍的对数似然比函数值，5665.362是当前模型的对数似然函数值，两者相差仅26.451，其对应的概率p值为0.118，大于显著性水平0.05，说明连接函数选择正确。

表7-38给出了采用Logit连接函数的位置模型参数的估计结果。各项依次为各回归系数估计值、标准误、Wald统计量观测值、概率p值、回归系数95%置信区间上下限。

根据回归分析结果，可确认各个自变量对伤残等级均有不同程度的影响：

年龄与伤残等级数呈反比，年龄越大，伤害程度越高。从伤害部位来看，与眼部相比，指、上肢、腕及手多为轻一些的伤害。从行业来看，与金属制品业相比，通用设备制造业伤害程度要低一些。从工龄来看，与10年以上工龄的员工相比，1年以下的组伤害程度要高一些。从文化程度来看，与小学相比，中等专科、技工学校和普通高中的伤害程度要低一些。

表7-38　参数估计值

	回归系数估计值	标准差	Wald统计量观测值	自由度	概率p值	95%置信区间	
						下限	上限
伤残等级一至四级	-5.628	0.452	155.063	1	0.000	-6.513	-4.742
伤残等级五至九级	-0.235	0.310	0.574	1	0.449	-0.844	0.373

续表

	回归系数估计值	标准差	Wald 统计量观测值	自由度	概率 p 值	95%置信区间	
						下限	上限
年龄	-0. 019	0. 004	23. 097	1	0. 000	-0. 026	-0. 011
伤害部位（对照组=眼部）							
指	2. 428	0. 177	188. 830	1	0. 000	2. 082	2. 775
上肢	1. 717	0. 206	69. 492	1	0. 000	1. 314	2. 121
复合伤	0. 044	0. 197	0. 050	1	0. 824	-0. 342	0. 430
腕及手	1. 063	0. 200	28. 305	1	0. 000	0. 671	1. 454
工龄（对照组=10 年以上）							
1 年以下	-0. 553	0. 149	13. 817	1	0. 000	-0. 844	-0. 261
1~5 年	-0. 148	0. 139	1. 132	1	0. 287	-0. 421	0. 125
5~10 年	-0. 149	0. 147	1. 028	1	0. 311	-0. 437	0. 139
行业（对照组=金属制品业）							
其他服务业	-0. 003	0. 081	0. 002	1	0. 967	-0. 162	0. 155
通用设备制造业	0. 298	0. 093	10. 354	1	0. 001	0. 116	0. 479
文化程度（对照组=小学）							
博士研究生	17. 989	0. 000[a]	.	1	.	17. 989	17. 989
硕士研究生	18. 889	0. 000[a]	.	1	.	18. 889	18. 889
大学本科	-0. 453	0. 387	1. 376	1	0. 241	-1. 211	0. 304
大学专科	0. 218	0. 248	0. 775	1	0. 379	-0. 267	0. 703
中等专科	0. 393	0. 195	4. 064	1	0. 044	0. 011	0. 774
职业高中	0. 022	0. 347	0. 004	1	0. 950	-0. 659	0. 702
技工学校	0. 900	0. 356	6. 393	1	0. 011	0. 202	1. 597
普通高中	0. 373	0. 151	6. 130	1	0. 013	0. 078	0. 669
初中	0. 132	0. 125	1. 116	1	0. 291	-0. 113	0. 376

注：“a”表示此变量被设置为零，因为它是冗余的；“.”表示冗余。

总结起来，本节的结论与政策启示主要有两点：第一，A 市职工伤残等级数（因变量）受到个体性自变量中年龄、文化程度的影响，也受到职业伤害自变量中伤害部位、行业、工龄的影响。第二，低文化程度、低工龄和老年群体应该是重点防范的对象。

第四节 A市调研情况分析与结论

一、A市工伤保险中死亡、重伤和轻伤人数的三者比率分析

将2019年基本数据汇总后进行分析。A市工伤保险系统内，死亡、重伤与轻伤人数比例约为1∶0.86∶122.69。从这一比例来看，A市与国内外的比例存在根本性的差异，即死亡人数与重伤人数相比大于1。需要对这一比例进行深入的思考、分析与讨论。

进一步观察A市下属各地的工伤保险中职业伤害之死亡、重伤、轻伤占总和的比例，在死亡占比中，均值为0.9972%，最小值为0.27%，最大值为2.39%。在重伤占比中均值为0.8462%，最小值为0.00%，最大值为5.85%。轻伤占比的均值为98.1567%，最小值为92.77%，最大值为99.51%，都在92%以上。

综上所述，A市工伤危害的结构合理性有两大特征：一是死亡与伤害的比例与国内总体相比情况稍好，而与国际上普遍情况还有较大的差距；二是其中工亡数超过重伤数是比较异常的，可能有制度转换带来的影响，也可能有职业伤害风险分布上的特殊性，其复杂的原因有待深入探讨。

二、A市工亡率与工伤保险承受风险水平分析

由于十万人工亡率是国际上评价工作场所安全状况的最主要指标，我们就此来评估一下A市安全生产水平和工伤保险所承受的职业伤害风险水平。观察A市2018年和2019年的数据，工亡率分别是9.9971和9.7373。基本确认A市工亡率是在接近10的水平，并处于较为稳定的状态，与前面提及的我国十万人工亡率为10.5（2018年）相比，较为接近并稍低。

对2019年A市下属34个社保机构的工亡率进行分析，可看出34个社保机构工亡率悬殊较大。A市各地工亡率中，最高为25.59，最低为3.54，前者是后者的7.23倍。说明A市不同机构所承受的职业伤害风险水平极不均衡。

通过工伤保险统筹能够分担少数区域内较高的风险，但不应该掩盖风险的不正常分布状态，失衡的风险分布应该引起A市宏观管理者的重视，并考虑采取有效措施进行治理。有研究发现，工伤补偿水平越高，工伤发生率越高。近年来相关工亡

补偿标准的大幅调整，或许引发道德风险，导致 A 市统计的工亡数在短期内攀升。

三、基于经济发展水平的 A 市工伤状况评估

A 市处在制造业高速发展的时期，以制造业为主的产业结构导致职业伤害人数高企，工伤保险中自然会出现工亡人数多的情况。

毋庸置疑，在经济高速发展的过程中，A 市在控制和降低工亡率上还要下大力气。在地方政府的经济发展战略中，未来有待于在地方产业结构调整中，积极推动制造业的工作环境本质安全，加强安全生产管理；同时加大第三产业的比重，减少高风险岗位比率，从而从根本上减少伤亡事故和高危人群。另外，工伤保险部门也面临着要科学开展预防工作的压力，通过建立有效的职业伤害预防机制，从源头上降低工伤风险。

从就业人口结构来看，A 市以外来务工人员为主，他们主要从事制造业、建筑和劳动密集型产业的高风险劳动，由于外来务工人员文化素质和安全意识都与当前现代化大生产的要求有相当大的距离。同时现有安全培训力度也无法使这些外来务工人员的安全意识与安全能力在短期内达到法律法规的要求，因此 A 市工伤事故死亡人数还比较高，但相信随着安全管理力度的加大，整体安全生产状况会有所好转，并终将反映在工亡率的持续降低上。

四、A 市调研的基本结论

本书首先以从国外到国内，从理论到实践为研究基础，并从工伤三大类（轻伤、重伤和工亡）和一至十级工伤的特征进行比对分析，然后再从工伤风险的结构合理性，到工伤风险的水平合理性，最后根据分析结果针对性地进行讨论和总结。

第一，A 市参保率相当高，大大超过了国内平均水平，近年来已呈现出长期稳定的发展态势，反映出工伤保险事业处在全国较领先的水平。

全国工伤保险的参保率目前还有待提升，即使是近年来各级政府要求重点纳入参保人群的农民工群体的参保率也只有 27%。相比较而言，通过对 A 市工伤保险参保总数情况（2019 年 496 万人参保）和人口总量（全市常住人口为 822 万人）的综合分析，毫无疑问，A 市参保率是相当高的，在国内是明显领先的。此外，近年来参保人数在高水平中稳中有升，呈现出长期稳定的良好发展态势。

第二，A 市工伤人员在年龄、婚姻、学历、行业、工种、伤害部位、工龄、季节变化等因素方面呈现一定的分布特点。

近三年 A 市工伤人员的年龄分布在 20～50 岁分布比较均衡，分别占工伤总

人数的14%~16%。

在工伤人群中，女性占16.61%，男性占83.39%，工伤的情况更多地出现在男性身上。A市工伤人员的婚姻分布主要是已婚，占72.9%；未婚，占26.9%；丧偶，占0.2%。

A市工伤人员的文化程度主要分布在初中，约占工伤人员总数的61%；其次是普通高中，约占16.1%。

A市107个行业有工伤人员，排在第一的是其他服务业，其余的以通用设备制造业、金属制品业、塑料制品业等制造行业为主。其他服务业的工伤数量居首。

A市271个工种有工伤人员，排在第一的是加工中心操作工，占比高达33.24%。

A市20种工伤最经常的伤害部位以指为首位，占比高达38.29%；其次为上肢，占比15.62%。

A市工伤发生频数以春季、冬季最少，天气炎热的夏季频数最高，气候因素带来员工身体和情绪的波动，过高的气温会导致职工状况不良，影响对伤害风险的防范能力。

A市工伤易发人群的年龄集中在工龄为1~5年的员工，占到所有工伤人员总数的44.4%；其次是1年以下的员工，占29.6%；10年以上最少，经验的积累起到至关重要的作用。

第三，A市不同伤害程度的工伤受到行业、年龄、伤害部位、受教育程度、性别、婚姻状况等因素的影响。但轻伤数、重伤数和工亡数最多的行业都是"其他服务业"，超过了其他制造业各行业，值得进一步深入调查研究。

将伤害分成轻伤、重伤和工亡三类后，并将得出的主要结果进行对比，得出结论。

轻伤、重伤和工亡最多的行业均是其他服务业。说明伤害主要发生在若干个服务业，但为何服务业工伤数竟然超过了制造业各行业，究竟是因为就业规模较大、物流业比重较大，还是其他原因，值得进一步调查研究。

轻伤、重伤和工亡的平均年龄分别为35.37岁、37.24岁、41.66岁。这个年龄层次的职工往往是家中的主要经济来源，上有老下有小，工伤给个人和家庭都带来很大的痛苦。

轻伤、重伤和工亡最多的工种均是加工中心操作工。

轻伤、重伤和工亡中伤害部位分别最多的是：指、复合伤、其他。说明造成

重伤和工亡的伤害部位较为多样化。

在死亡、重伤、轻伤三种情况下，工龄与年龄的交叉列联表分析又可以得出不同的结果：当出现工亡时，1~5 年岗位工龄为最多工亡人数区间，以 45~49 岁的人数最多，其次是 40~44 岁的人；当出现重伤时，1~5 年岗位工龄为最多重伤人数区间，有两个年龄段的人较多，40~44 岁的人为最多，其次是 25~29 岁的人；当出现轻伤时，1~5 年岗位工龄为最多轻伤人数区间，25~29 岁的人数最多，1 年以下岗位工龄为第二多轻伤人数区间，20~24 岁为人数最多区间。可见工龄短且年龄大的群体是工亡和重伤的高发群体，工龄短且年轻的群体是轻伤的高发群体。

第四，将伤害程度分成一至十级进行研究，回归分析确认，个体性自变量和职业伤害自变量等都对伤害程度有影响，发现低文化程度、低岗位工龄和老年群体是工伤伤害重点人群。

将伤害程度分成一至十级进行研究发现，一至四级占所有工伤人数的 0.23%，说明绝大多数伤害属轻伤。未达等级占所有工伤人数的 18.73%；呈现年龄越大，工伤伤害程度越严重的特点；男性平均伤残等级比女性要低一些，受伤程度要严重一些。

由于一至四级伤残等级的不同类别间存在轻重的内在顺序，采用多项有序回归分析方法（PLUM-Ordinal Regression），构造多项有序 Logistic 模型进行分析。根据回归分析结果，可确认各个自变量对伤残等级均有不同程度的影响：年龄与伤残等级数呈反比，年龄越大，伤害程度越高。从伤害部位来看，与眼部相比，指、上肢、腕及手多为轻一些的伤害。从行业来看，与金属制品业相比，通用设备制造业伤害程度要低一些。从工龄来看，与 10 年以上工龄的员工相比，1 年以下的组伤害程度要高一些。从文化程度来看，与小学相比，中等专科、技工学校和普通高中的伤害程度要低一些。

A 市一至十级伤残等级分析的启示主要有两点：一是伤残等级数（因变量）受到个体性自变量中年龄、文化程度的影响，也受到职业伤害自变量中伤害部位、行业、工龄的影响；二是低文化程度、低岗位工龄和老年群体应该是重点防范的对象。

第五，从结构合理性对 A 市工伤发生情况进行分析，发现与国内总体情况较接近或稍好，而与国际上普遍情况还有较大的差距；其中工亡数超过重伤数则是比较异常的，其中应有复杂的不明原因。

死亡、重伤与轻伤人数比例是衡量工伤结构合理性的重要指标。A 市工伤保险系统内，死亡、重伤与轻伤人数比例约为1∶0.86∶122.69。

A市工伤状况的结构性比例与国内若干研究的结果相比要稍好一些，工亡率稍低，但与国际先进水平等相比还有很大差距。最异常的情况是A市工亡数超过了重伤数（1∶0.86）。从这一比例来看，A市与国内外的比例存在根本性的差异，工亡与重伤之比不符合客观规律，即死亡数与重伤数相比大于1。

有研究发现，工伤补偿水平越高，工伤发生率越高。近年来相关工亡补偿标准的大幅调整，或许引发道德风险，导致A市统计的工亡数在短期内攀升。未来需要对A相关比例进行深入的思考、分析与讨论。

第六，从水平合理性对A市工伤发生情况进行分析，发现与国内总体情况较接近，而与发达国家普遍情况还有较大的差距。

目前十万人工亡率是国际上评价工作场所安全状况的最主要指标。发达国家在工业化发展过程中也出现过特大事故频繁发生的情况，如美国在人均GDP为1000~2000美元时，工伤事故工亡率为13左右，全国工伤事故年均死亡人数超过2万人；日本在20世纪60年代中期人均GDP刚超过1000美元时，工伤事故工亡率在12左右；英国、德国、法国等国家经过了30年以上的努力，使工伤事故工亡率降到了5左右的水平；韩国、巴西、印度等国家也曾经或正在经历这段历史进程，其工伤事故的工亡率都在10以上。我国近几年同口径的工矿企业工伤事故工亡率平均在10上下波动。

运用工亡率可评估A市工伤水平的整体合理性，判断A市安全生产水平和工伤保险所承受的职业伤害风险水平。基本确认A市工亡率是在接近10的水平，与前面提及的我国工亡率为10.5相比，较为接近并稍低。考虑经济发展水平、产业结构和统计全面性，这一指标还是可以接受的。但A市各地这一指标极不平衡，个别地区指标较高，工伤风险局部高企，应引起有关各方的密切注意。

第七，A市人均地区生产总值已明显超过1万美元的水平，根据国际规律，正在出现工伤事故率向下的转折趋势，或能说明A市有关各方采取措施有效控制工伤风险的时期正在到来，工伤保险将进入一个新阶段。

国际上很多国家在经历人均GDP超过1000美元以后，经济增长速度由高速调整为较为和缓，制造业比重下降而服务业比重上升。由于技术经济等条件趋于成熟，通过科学管理实现了将工伤风险水平从不断上升转为趋于下降的转变。A市2019年经济增长率高达9.8%，使安全生产面临着很大的压力，要想实现这个划时代的转变，需要在转型升级中提高企业社会责任，加强政府安全生产监管，提高劳动者素质，同时工伤保险体系也可发挥不可替代的独特作用。

第八章　结论与建议

第一节　研究结论

鉴于国内安全生产和统计部门职业伤害数据不够全面和准确，本书主要利用历年的《中国劳动统计年鉴》中工伤保险数据，进行了系统性科学整理分析，尝试建立了较为全面的我国职业伤害统计数据体系，作为研究我国及各地区工伤工亡亟须的基础数据。在经过国际比较和理论分析后，全面统计分析了我国职业伤害风险及其主要特征，并在样本城市进行了典型调研，进行了初步验证，得到以下六条基本结论：

第一，国际劳工组织等带头制定了职业伤害记录规范，并从各国收集相关数据进行集中公布；较多国家依照规范进行了数据收集、整理和报告。从各国实践来看，工伤保险数据是较受认同的主要数据来源。

国际劳工组织制定了《职业事故和职业病的记录与通报实用规程》，并承担收集和公布全球事故数和事故发生率的职能。在全球范围内，大约只有1/3的国家可以完成较完善的数据收集，并向国际劳工组织报告。在实行工伤保险制度的国家，尤其是工伤保险覆盖面比较广的国家，其工伤保险数据是伤害事故统计的主要来源之一。

第二，在过去的几十年里，很多国家的相关统计都出现了系统性的低估，专家们在不断探索用有效的方法来更准确地评估职业伤害的真实情况。在所有指标中，工亡率是最受重视的，常常被作为重要指标充分利用。

经过国际劳工组织长期研究和完善，以及许多国家多年实践的检验，国际通行的职业伤害标准报告流程和统计方法具有很高的科学性、实用性，但是统计结果并不能反映实际情况，还需要进一步采用科学的方法进行专业化的分析评估，力图揭示真实情况。本书力图拟对全球职业伤害和疾病统计中出现的瞒报漏报现状进行了分析。一国劳动力各部门之间伤害率的外推法和国家间伤害率的外推法，都是常用的分析评估方法。工亡率数据由于较多地被关注，真实性和准确性比其他职业伤害数据更多地得到专家们的重视和认可。

第三，当前我国工伤和职业病数据的收集和报告还存在体制不顺的障碍，缺少系统的职业轻伤、重伤和死亡统计数据。国家统计局和应急管理系统的相关职业伤害统计数据不完备，极大地妨碍了我国公共管理和安全生产的形势研判，相当程度上妨害了职业伤害风险管理的有效实施，也对国内职业伤害相关研究构成极大的阻碍。此外，中国工伤保险制度数据具有较高的可靠性，统计的工亡率经过多角度认证，具有较好的准确性。

长期以来，由于缺少系统的职业轻伤、重伤和死亡统计数据，我国及各省份职业伤害风险水平尚未能进行系统的测算研究，影响到对我国及各省份职业伤害风险水平的全面统计分析，导致各级管理部门和学术界对职业伤害风险水平缺乏科学评估，政策的针对性不强，管理措施也不够精准得力，妨碍了职业伤害风险管理的顺利进行。

鉴于我国工伤和职业病数据处于报告不充分的困境，本书充分地依据我国工伤保险数据体系，作为替代数据来源加以解决目前数据空缺，作为专业研究的支撑基础。已从统计科学方法原理、国际统计数据来源惯例、国际比较研究和重大典型事件检验四个角度进行了较充分的讨论，从理论与实践上已证实了工伤保险数据的可靠性，也就说明相关的工亡率是较为科学和公允的。

第四，我国已进入人均 GDP 达 1 万美元的经济发展阶段，总体职业伤害率呈下降趋势，但整体水平还偏高，离国际先进水平还有较大差距。我国致命性工伤数与非致命性工伤数的比例呈现基本稳定；东部、中部和西部的内部各省份之间的差异还比较大，职业伤害风险水平较高主要是西部欠发达省份。利用全国年度的工伤保险统计数据，综合计算可得到全国及各省份的职业伤害风险水平。

我国已刚刚达到人均 GDP 达 1 万美元以上，这是国际上相关研究确认的职业伤害进入下降的转折阶段，我国职业死亡事故经过多年努力已出现较明显的减少趋势，工亡率已基本稳定在稍高于 10，工伤率水平较为稳定，但是这低水平的稳定，离国际先进水平还有较大差距。

我国总体工亡率呈下降趋势，但整体水平还偏高；我国各地区的工亡率整体

差异在不断缩小，泰尔指数已降至0.06，但东部、中部和西部的内部各省份之间的差异还比较大。我国的工亡数与非致命性工伤数的比例在2018年为1∶23.51，从2008年开始我国比例稳定在1∶24左右。统计31个省份工亡数与工伤数的比例，最低为上海1∶48.54，其次分别为浙江1∶47.34、重庆1∶35.74和广东1∶33.59，较高为海南1∶6.5、青海1∶8.97。经过与国外情况的比较，可以说无论是国内总比例还是各省份比例，都明显偏高，不尽合理，应该引起各级管理层警觉。

根据我国工伤保险制度中确定的工亡、重伤和轻伤的风险危害程度权重，可得到计算模型测算职业伤害风险水平。利用全国2018年度的工伤保险统计数据，综合计算得到全国及各省份的职业伤害风险水平。各地的差异较大，最高值是最低值的3.67倍。职业伤害风险水平较高的省份有宁夏、河北、新疆、山西、青海和云南，大多属于西部欠发达地区和华北地区；职业伤害风险水平较低的省份基本属于经济较领先的东部地区。

多数省份工伤率水平较为稳定；我国一至四级工伤率区域间差异远大于区域内差异；我国五至十级工伤率区域内差异远大于区域间差异。

第五，在我国城镇化进程中，城镇化水平、人均GDP增长率的增加都有助于减少职业伤害，这种影响存在门槛效应。说明中国经济通过转型升级正在改变低端产业结构，整体经济水平在不断提高，改善了职业安全卫生条件。就业状况、产业结构和受教育程度等因素对减少职业伤害也表现出一定的作用。

从全国来看，GDP增长率、城镇化程度、二产占比、人员素质提升都能促进工亡率的降低。其中城镇化程度的影响较为突出，说明城镇化水平的提高，也意味着政府治理方式更为现代化，法制化水平的改善，使得社会对职业伤害风险管控能力得到提升。

经济发展水平的提高对减少工亡率的影响呈非线性特点。当城镇化水平低于0.3900时，GDP增长率对工亡率具有显著的促进作用；当城镇化水平高于0.3900时，GDP增长率对工亡率的影响仍为正向效应，但影响力度有所减弱，即提升城镇化水平能够减弱经济增长速度对工亡率的正向影响，有助于减少职业伤害。

当城镇化水平低于0.4800时，人均GDP水平对职业伤害风险水平具有显著的抑制作用；当城镇化水平高于0.4800时，人均GDP对职业伤害风险水平的影响仍为负向效应，但影响力度有所减弱，即人均GDP水平的增长能促进降低职业伤害风险水平，并呈现影响减弱的情况。

第六，基于我们对样本地区A市的深入调研，调研测算到的工亡率与全国水平是相近的，工亡与其他伤害的比例比国内总体稍好一些，职业伤害受到职工个人和外部因素的影响。

从水平合理性对A市工伤发生情况进行分析，发现与国内总体情况较接近，而与发达国家普遍情况还有较大的差距。A市工伤危害有三大特征：一是致命性工伤数与非致命性工伤数的比例比国内总体情况稍好，但与国际上普遍情况还有较大的差距；二是基本确认A市工亡率是9.7373；三是不同伤害程度的工伤受到行业、年龄、伤害部位、受教育程度、性别、婚姻状况等因素的影响，低文化程度、低岗位工龄和老年群体是工伤伤害重点人群。

第二节　建议

发达国家职业伤害风险水平已从最高峰转而向下趋于减少和稳定；我国和其他发展中国家则普遍面临着较严重的职业伤害威胁；从全球比较研究来看，各国的产业结构和经济发展水平对职业伤害风险有着根本的影响。

在我国城镇化进程中，工伤事故仍然层出不穷，职业病群体规模惊人，必须完善管理体制，建立有效制度，不断扩大工伤保险覆盖面，保护广大职工的合法利益，从而促进我国社会经济的顺利发展。全国安全生产管理基础工作在一定程度上已得到全面加强，各地管理能力都有所提升，但各地职业伤害率水平变化及差异还不平衡。这种不平衡不仅体现在东部、中部和西部之间，更明显地出现在三大地区的内部。考虑到我国安全生产管理和工伤保险事业未来的发展趋势，结合我国经济发展的阶段性特点，为科学应对我国工伤风险试图从三个方面提出若干建议。

一、公共管理方面的建议

第一，要尽快完善我国的职业伤害统计体系，做到迅速和全面收集整理相关数据，形成与国际标准接替的统计数据体系。只有确保较为准确的职业伤害统计，才能更好地掌握客观的安全状况，针对性地采取管理对策，达到有效地管理职业伤害风险。我国工伤保险数据具有较好的科学性，目前要重视采用工伤保险数据作为重要的数据来源，可以全面收集我国工伤保险的全国和分省份数据，对全国及各省份历年数据进行整理分析，尝试建立我国职业伤害水平的基本统计系列。

尽快实现安全生产伤亡报告信息化标准，加快与国际标准接轨。应通过电子政务信息共享平台，推进安全生产管理部门与工伤保险部门的密切合作，加快信息共享，合力推进预防机制建设。从源头规范统计信息录入，形成国家、省、市、县四级职业伤害数据统计体系，重点是保障职业伤害统计的准确与及时，为劳动安全大数据全面应用打下基础，从而提升我国职业伤害危险源监测、隐患排查、风险管控、应急处置等功能。

第二，要从思想和管理理念上认真对待我国的工伤风险，充分认识到对其进行科学管控的重要性，当前尤其要注意发挥工伤保险制度的独特作用。应摒弃一味追求经济发展、不讲安全生产的观念，尽最大努力保护劳动者的生命健康安全，把职工安全健康作为社会经济发展进步的重要指标。应力求全面了解我国工伤风险的水平与结构特征，把握我国安全生产和工伤保险的发展方向，明确工伤保险的政策导向，从而落实工伤保险的根本宗旨，守卫广大职工的社会保障权益，维护和谐社会的顺利发展。工伤保险制度应在为降低职业事故和职业病的发生率与严重程度而做的努力中发挥更大的作用，这应是社会保险制度建设中设计工伤保险政策时优先考虑的目标。

第三，安全生产管理今后应减少运动式的粗放行为，更强调管理的科学化、精细化、长期化，减少职业伤害率波动与差异变化。在设定各类管控指标时要有新的思路，可选择更高水平的国际对标体系，注重追求管理在质量上的改进。利用职业伤害水平测评深入分析全国和各省份状况，全面调查分析职业伤害风险分布特征，了解风险水平变化情况，针对性地采取措施进行整改。目前，职业伤害风险水平较高的省份有宁夏、重庆、贵州、江苏和青海，主要是西部欠发达省份。对工伤率偏高的地区、行业，对轻伤、重伤和工亡比例畸形的地区、行业、工种，积极开展专项监控，针对危险性较高的人群、地区、行业、工种、季节加强监察力度。

在安全生产管理上要全面地把控工伤风险，对工伤分布结构异常、工伤风险超常聚集的区域或行业要密切关注，控制风险事故的发生，并有预案地进行规制，防范道德风险，建立专家监督系统，提供及时的专业指导，推动安全生产监督管理工作持续不断提高。

在东部地区中，部分地区尤其要注意减少与同地区职业伤害率上较明显的落后差距，可努力向身边的先进省份就近交流学习，找出差距和原因，制定办法和措施；然而西部地区则要更注重采取措施，在科学发展观的指导下，处理好安全和生产的关系，在大力发展经济的同时要努力降低职业伤害率。

第四，论证建立基于工伤保险信息系统的全国及地方职业安全水平预警系统，及时向政府有关部门提供专业建议，当前可以工亡数与工伤数之比过高为监察管制重点，推动构建政府有关各部门协同合作，有效防控职业伤害风险。由于企业和地方政府安全生产管理部门中存在较为普遍的漏报、瞒报生产事故的现象，生产事故信息通报存在一定的盲区，政府并不能保证能够及时充分地得到信息，工伤保险系统可在较大程度上起到重要的信息矫正作用。这对研判我国或各个省份所面临的工亡风险变化趋势有着非常积极的意义。

积极探讨有效的对策，探讨与安全生产、职业病防治、职业康复等机构部门密切协作方式，从而建立科学的内部预警机制和有效的职业伤害风险防控管制体系。

第五，在完善数据统计的基础上，利用职业伤害各种指标，积极开展我国职业伤害情况的国际比较研究，实现防控职业伤害风险决策从经验驱动到数据量化驱动的转变，努力向国际先进水平看齐。可充分利用国际劳工组织的统计数据，进行发达国家和发展中国家的工亡风险情况对比分析。基于我国目前的工亡率还是属于发展中国家，重点是与国际上工亡水平较低的先进国家进行比较研究，以便发现问题和差距，探索有效的管理方式。实现防控职业伤害风险决策从经验驱动到数据量化驱动的转变，提升和确立专业国际视野，努力向国际先进水平看齐。

二、关于工伤保险的建议

第一，在服务广大工伤保险参保职工时，要充分体谅工伤职工的不便与疾苦，提供周到的专业服务，精心收集一手信息，尤其是要方便家在外地和文化程度不高的职工。我国外来务工人员占有很大比例，他们的流动性和在危险行业的密集度使其难以降低其暴露于环境和职业健康风险。当前，工伤职工以外地员工为主，他们的文化水平不高，承担风险的能力弱，缺乏办理相关手续的能力，难以充分维护自身的合法权益，这就对社保机构的服务水平提出了更高的要求。工伤保险员工要展现良好的职业风貌，建立相适应的岗位服务规范，不断优化服务流程，方便家庭在外地的职工及其家属。

第二，用市场化方式来创新工伤保险，充分发挥工伤保险经济刺激机制。当前尤其要注意将灵活就业人员纳入工伤保险中。进一步完善差别费率，运用正向的经济奖励激励手段引导企业行为，加强走访重点企业或突击检查等，对安全防护做得好的企业给予奖励，对问题企业可协调相关部门进行查处。在对工亡待遇进行调整时，要防止诱导道德风险。

随着平台经济的不断扩张，我国灵活就业人员不断增长，工作节奏明显加快，劳动强度较高，带来的职业伤害风险不容忽视，应不断完善相关政策，尽快将他们纳入工伤保险保障中。

第三，创新工伤保险基金对预防工伤的支持方式，更为精准地投入资金和资源防控风险，降低系统性的职业伤害风险，建立有效的三位一体的现代工伤保险体系。在工伤保险基金中建立专门的事故预防基金，测算各部分资金比例，支持社会化的事故预防，对公共安全技术科研工作、职业安全生产教育、企业的劳动安全培训、健康检查及安全检查等予以更大力度的基金支持。

三、关于企业和职工协同努力的建议

第一，积极加强广大职工的工伤风险意识，尤其是对灵活就业的职工，要提升其主动预防能力和及时报告职业伤害情况意识，推动普及安全生产观念。加强对重点人群的关注，重点放在重点年龄段、岗位工龄短和文化层次较低的职工们的安全意识和技能提高。对年轻的从业者特别是灵活就业的员工，要加大安全生产意识和了解工伤保险参保权益的教育；对转岗频繁的职工要加强岗位安全生产教育；对从事高职业伤害风险岗位的职工要加强专业培训，增强他们在工作中对环境不安全因素危害的预防能力，及时提醒报告职业伤害情况。

第二，针对本地区和本单位死亡、重伤、轻伤出现的分布特征，建议企业制定有重点的整体方案，进行职工操作风险的系统性防范。根据死亡、重伤和轻伤在不同行业、工种和季节等的分布特点，区分职工的不同年龄、岗位工龄、文化程度、家庭情况等，采取不同的措施。在特定的行业和工种中，对45~49岁且仅有1~5年岗位工龄的职工要重点防范死亡风险；对40~44岁仅有1~5年岗位工龄的职工要重点防范重伤风险；对25~29岁且仅有1~5年岗位工龄的职工要重点防范轻伤风险。对职工在岗时间短、参保进出频繁、伤害风险较高的企业要密切关注。

第三，推动企业加强增大安全生产投放，减少危险源，提升本质安全水平。坚持以人为本，把安全生产、保护劳动者的生命安全和职业健康作为企业生存和发展的根本。明确企业是安全生产的直接责任方，要把员工生命安全放在首位。工伤保险机构可灵活运用费率调节机制，将企业预防与企业经济利益相联系；还可有选择地投入引导资金，推动企业提升安全水准。

第三节　展望

我们利用历年《中国劳动统计年鉴》中的工伤保险数据，根据工伤保险制度及其相关规定的原理，对数据进行了系统的专业性加工整理，形成了本书赖以支持的统计数据体系，试图开拓对职业伤害风险新的研究视角。

受能力和资源所限，我们对提出的统计数据体系还缺乏从统计学和全样本的对照检验，目前还不具备条件对每个职业伤害案例进行一对一的核查，仅仅是在样本城市进行了实地调查对照；目前获得的工伤保险数据是统计报告中的，还没能掌握一手的伤害记录资料。

本书是基于工伤保险数据对我国职业伤害风险进行了初步研究，并对相关影响因素进行了分析，还未能提出控制职业伤害发生的系统性方案，也缺少对在新的产业条件下职业伤害风险发生的内在机理演变的认识，导致研究内容和最终结论仍然不够深入和全面。

希望今后有专家和部门共同进行进一步的核实与验证。组织应急管理部门、公安系统、民政系统和医疗系统，建立共享信息平台，从多个部门进行统计验证。

随着平台经济的不断扩张，我国灵活就业人员不断增长，大量新业态从业人员正在以一种灵活、弹性或自我雇佣的就业形式存在，带来的职业伤害风险不容忽视，灵活就业人员在遭受工伤事故后，因为不能参加工伤保险而无法享受相应待遇，尽管一些用人单位为其购买了商业保险，但是由于赔偿标准较低，往往为劳动者和企业双方产生纠纷埋下隐患。应不断完善相关政策，尽快将他们纳入工伤保险保障中。

希望通过科学分析结论，突破研究瓶颈带动我国相关研究，推动提升我国职业伤害研究的科学性与国际化。考虑到我国已成为中等收入国家，未来应重点研究我国人均 GDP 水平、城镇化程度、工业化程度的作用影响，根据相关理论、国际经验和样本地区的分析，加强对全国以及各省份工亡风险变化趋势进行分析与预测，探讨测算和建立我国职业伤害风险梯度模型，研究风险水平在不同经济发展水平和不同工业化阶段中的非线性变化趋势研究，为经济发展水平提供经验借鉴。以便我国有效地应对经济增长方式粗放带来的工亡风险，加快转型升级，进入高质量、低职业伤亡风险的经济发展新阶段。

参考文献

[1] 白韶丽，宋岩．机械行业职业伤害特点及危险因素的调查［J］．环球市场，2016（23）：92-92.

[2] 陈秋玲，吴干俊．长三角城市安全生产经济社会风险因子分析：基于偏最小二乘回归［J］．中国安全科学学报，2012（10）：8-13.

[3] 陈秋玲，肖璐，张青，等．地区安全生产的经济社会风险因子分析［J］．华东经济管理，2011（3）：51-56.

[4] 陈婉静，纪婷珣，程耿，等．（广州）某企业三年伤害监测回顾调查分析［J］．东方食疗与保健，2017（11）：391.

[5] 陈燕超，郑宏．制度变迁视角下的社会保险费征缴体制研究［J］．社会保障研究，2010（4）：71-74.

[6] 崔志伟，俞太念，陈小贵．上海市嘉定区机械行业职业伤害危险因素的病例：对照研究［J］．职业与健康，2013（20）：2585-2587.

[7] 邓奇根，张赛，刘明举．2006—2015 年我国煤矿安全形势好转原因分析及建议［J］．煤炭工程，2016（12）：99-102.

[8] 董金妹，罗有忠，吴福龙．职业伤害社会影响因素的回归分析［J］．中国卫生统计，2007（2）：224.

[9] 董勇．建筑安全生产管理体系研究［D］．重庆：重庆大学，2003.

[10] 段伟利，陈国华．安全生产与经济社会发展之关系的研究［J］．中国安全科学学报，2008（12）：55-61.

[11] 付晓杰．建筑业农民工职业健康风险评估及对策研究［D］．南京：东南大学，2016.

[12] 傅贵，殷文韬，董继业，等．行为安全“2-4”模型及其在煤矿安全管理中的应用［J］．煤炭学报，2013（7）：1123-1129.

[13] 龚龙，刘宝平．浅析海因里希法则对施工安全管理的启示［J］．价值工程，2018（9）：54-56.

[14] 贡超文．《海因里希 1∶29∶300》事故法则在安全管理中的应用［J］．房地产导刊，2015（7）：360.

[15] 顾伟．职业性手外伤患者回归工作状况及影响因素研究［D］．上海：复旦大学，2010.

[16] 郭朝先．他国安全生产状况与经济发展水平的关系［J］. 经济管理，2006（9）：17-18.

[17] 郭晓宏．日本工伤事故瞒报问题的原因及对策分析［J］．中国安全科学学报 2008，18（11）：72-77.

[18] 韩毓珍，王祖兵，顾明华．农民工职业伤害影响因素的病例对照研究［J］．环境与职业医学，2009（5）：488-490.

[19] 韩志君．基于海因里希法则违章操作因素分析［J］．中国矿山工程，2020（1）：71-73.

[20] 何学秋，宋利，聂百胜. 我国安全生产基本特征规律研究［J］．中国安全科学学报，2008（1）：5-13.

[21] 胡嘉，何永华，彭华，等．某机车制造企业非致死性工伤所致直接成本的影响因素［J］．环境与职业医学，2011（2）：84-87.

[22] 胡嘉，何永华，彭华，等．某机车制造企业工人工伤后回归工作的影响因素［J］．中华劳动卫生职业病杂志，2010（6）：405-409.

[23] 胡嘉．某电动机车车辆制造企业非致死性职业伤害的疾病负担研究［D］．上海：复旦大学，2009.

[24] 胡伟江．职业伤害流行病学方法的研究进展［J］．国外医学：卫生学分册，2002（3）：174-178.

[25] 黄芬，张新塘，杨林胜，等．建筑工地农民工意外伤害的流行特征及预防对策［J］．中国卫生事业管理，2008（4）：270-272.

[26] 黄群慧，郭朝先，刘湘丽．中国工业化进程与安全生产［M］．北京：中国财政经济出版社，2009.

[27] 黄仁浆．远洋船舶工伤事故的流行病学调查［J］．交通医学，1992（3）：19-20+36.

[28] 黄盛初，周心权，张斌川．安全生产与经济社会发展多元回归分析［J]. 煤炭学报，2005（5）：580-584.

[29] 黄文燕，练海泉，谭爱军．珠海市建筑行业职业伤害研究［J］．现代预防医学，2005（5）：563-565.

[30] 黄子惠，陈维清．香港建筑业工伤事故住院病人调查分析［J］．中华流行病学杂志，2002（1）：57-59.

[31] 纪京绪．实习护生职业暴露及防护情况调查分析［D］．济南：山东大学，2016.

[32] 贾明涛，侯造水，陈娇．经济发展与安全生产的协调度分析［J］．安全与环境学报，2013（2）：261-265.

[33] 金如锋，沈安丽，孙雄，等．化工行业职业伤害个人危险因素的病例-对照研究［J］．环境与职业医学，2003（5）：352-355.

[34] 金如锋，夏昭林．工伤流行病学方法研究进展［J］．中华劳动卫生职业病杂志，2001（6）：470-472.

[35] 金如锋．上海市化工行业职业伤害流行病学研究［D］．上海：复旦大学，2002.

[36] 孔留安，田好敏．影响安全生产状况的经济社会发展指标及灰色关联度分析［J］．中国安全科学学报，2007（1）：46-50.

[37] 蓝麒，刘三江，任崇宝，等．从被动安全到主动安全：关于生产安全治理核心逻辑的探讨［J］．中国安全科学学报，2020（10）：1-11.

[38] 李飞，钟涨宝．人力资本、阶层地位、身份认同与农民工永久迁移意愿［J］．人口研究，2017，41（6）：58-70.

[39] 李红臣．安全生产大数据应用［J］．劳动保护，2017（1）：49-52.

[40] 李湖生．我国特别重大生产安全事故的宏观演变规律和防控模型［J］．安全，2019（11）：1-8.

[41] 李捷，王明明，张静远，等．区块链技术在安全生产信息化建设中的应用［J］．安全，2020（2）：88-93.

[42] 李秀楼，李立明．工伤事故流行病学研究进展［J］．中华流行病学杂志，2000（1）：64-66.

[43] 李雪，王力民．2008—2017 年乌鲁木齐铁路局职业伤害流行病学特征分析［C］//2019 年铁路卫生防疫学术年会论文集，2019.

[44] 林书成，王斌，张仕勇．安全生产与经济协调度和协调发展度研究［J］．中国安全生产科学技术，2008（3）：4-8.

[45] 林岩，徐凤琴，陈丽容，等．医务人员职业暴露的危险因素分析与对

策［J］．中华医院感染学杂志，2007（8）：985-987.

［46］刘辉．2006—2016年我国工亡率趋势变化及其地区差异研究：基于工伤保险数据［J］．中国安全生产科学技术，2019（3）：174-179.

［47］刘辉．城镇化进程中农民工身份认同对工作投入的影响研究：基于组织支持的中介作用［M］．北京：经济管理出版社，2020.

［48］刘杰．新泰市建筑行业工伤事故流行病学分析［J］．职业与健康，2005（8）：1152-1153.

［49］刘梦红，刘何清，吴扬．2015年我国矿山事故统计及规律分析［J］．采矿技术，2017，17（3）：4.

［50］刘新荣，杨建国，姜文忠，等．职业伤害与社会经济影响因素的关系［J］．中华劳动卫生职业病杂志，2004（2）：86-89.

［51］刘新霞，黄国贤，王淑玉，等．不同企业类型的职业安全氛围及其与职业意外伤害的关系［J］．中华劳动卫生职业病杂志，2014（4）：256-259.

［52］刘移民，张文经．我国南方某省1988—1992年工伤调查分析［J］．中国安全科学学报，1995（3）：56-60.

［53］刘正伟．大数据在安全生产中的应用——用大数据指导安全监管工作［J］．劳动保护，2017（1）：14-18.

［54］刘祖德，蒋畅和．基于Netlogo的安全生产与经济发展关系研究［J］．安全与环境学报，2013（4）：216-220.

［55］刘祖德，王帅旗，蒋畅和．我国安全生产与经济发展关系的研究［J］．安全与环境工程，2013（5）：103-107.

［56］罗通元，吴超．事故中的安全信息耦合研究［J］．中国安全科学学报，2019（3）：155-160.

［57］罗云，江虹．根据“海因里希法则”科学理解和有效落实“双重预防机制”［J］．中国安全生产，2019（10）：36-38.

［58］罗云，田硕，曾珠．我国宏观事故总量的“海因里希法则”拓展实证分析研究［C］．第五届北京安全文化论坛，2011.

［59］罗云．安全生产与经济发展关系的研究［J］．天然气经济，2002（Z1）：28-31.

［60］马英驹．工伤事故中不同严重程度伤害基本参考概率［J］．大连铁道学院学报，2003（3）：62-68.

［61］毛春燕．基于灰色关联探讨安全生产和经济社会发展的影响指标

[J]．企业导报，2016（7）：139-140.

[62] 毛庆铎，马奔．矿难事故瞒报行为的解释：基于“系统—利益相关者”视角 [J]．中国行政管理，2017（1）：114-121.

[63] 聂辉华，李靖，方明月．中国煤矿安全治理：被忽视的成功经验 [J]．经济社会体制比较，2020（4）：110-119.

[64] 欧阳秋梅，吴超．大数据与传统安全统计数据的比较及其应用展望 [J]．中国安全科学学报，2016（3）：1-7.

[65] 裴卫国，杨喆．骨伤专科职业暴露分析 [J]．按摩与康复医学，2011（35）：250.

[66] 乔庆梅．中国职业风险与工伤保障：演变与转型 [M]．北京：商务印书馆，2010.

[67] 曲亚斌，夏昭林．流行病学在工伤研究中的应用 [J]．中国职业医学，2003（5）：46-47.

[68] 任智刚．新中国成立以来我国生产安全事故统计制度沿革分析 [J]．中国安全生产科学技术，2018（6）：5-13.

[69] 邵涛．某钢铁公司职业伤害流行病学研究 [D]．上海：复旦大学，2004.

[70] 邵志国，张士彬．中国安全生产事故的时空分布及风险分析 [J]．中国公共安全（学术版），2016（4）：14-20.

[71] 沈安丽，金如锋，甘才兴，等．上海市化工系统 1983—1995 年工伤事故调查分析 [J]．职业卫生与应急救援，2002（1）：8-11.

[72] 宋利，何学秋，李成武．工伤事故灾害空间分布特征及其与经济增长的关联性 [J]．中国安全科学学报，2010（4）：116-119.

[73] 宋利．事故灾害与经济增长关联性动态计量分析技术及其应用 [D]．北京：中国矿业大学，2010.

[74] 孙雄，孙以灵，余春阳，等．某化工厂 1987—2000 年 164 例工伤事故调查分析 [J]．职业卫生与应急救援，2003（1）：4-7.

[75] 孙兆贤．当前事故调查处理问题与建议 [J]．劳动保护，2013（9）60-62.

[76] 谭建明，刘帆．医务人员职业暴露的危险因素分析与对策 [J]．实用预防医学，2010（12）：2427-2428.

[77] 汪崇鲜，孙万彪，黄盛初．北京市安全生产与经济社会发展耦合关系研究 [J]．中国安全科学学报，2008（5）：61-67.

［78］王兵建，刘元兴，张亚伟，等．煤矿井下员工工伤事故规律与预防对策研究［J］．煤炭经济研究，2011（7）：83-86.

［79］王端武．国家安全生产保障理论及其应用研究［D］．阜新：辽宁工程技术大学，2005.

［80］王凡凡．挂牌督办改善地方安全生产治理效果了吗？——基于双重差分法的实证检验［J］．公共行政评论，2021（1）：191-216+225.

［81］王海顺，许铭，辛盼盼，等．我国生产安全事故经济损失统计制度改革建议［J］．中国安全科学学报，2019（10）：141-146.

［82］王鸿鹏，徐桂芹，李娜，等．基于熵权法 TOPSIS 模型对 18 省市安全生产状况评价研究［J］．中国公共安全（学术版），2016（4）：35-38.

［83］王瑾，卢国良，张健，等．1997—2003 年某铁路局职工工伤流行病学调查［J］．环境与职业医学，2005.

［84］王军，何蕾，徐倩．我国煤炭价格与煤矿安全事故实证分析：基于向量自回归模型（VAR）［J］．中国矿业，2019（6）：13-17.

［85］王力民，李雪，尹建刚．2000—2014 年新疆某铁路局职工职业伤害回顾性调查分析［J］．职业与健康，2016（18）：2493-2496.

［86］王喜梅，李旭，于志红．海因里希法则对浙江特种设备事故之扩展研究［J］．中国公共安全（学术版），2014（3）：16-20.

［87］王亚军，李生才. 2008 年 7—8 月国内安全生产事故统计分析［J］. 安全与环境学报，2008（10）：173-176.

［88］王颖丽，夏昭林，庄惠民．某造船企业 1994—2005 年职业伤害流行病学研究［C］．上海：2007 年上海公共卫生国际研讨会，2007.

［89］王忠，程启智．职业健康安全的库兹涅茨效应及协同规制［J］．湖北行政学院学报，2012（2）：86-91.

［90］魏玖长，丁粪．重特大安全事故震慑效应的影响因素研究［J］．中国行政管理，2020（6）：137-143.

［91］魏书祥，门洪云，潘仁飞，等．煤矿安全生产与经济社会发展水平关系研究［C］．北京：中国矿业大学研究生教育学术论坛，2008.

［92］吴大明．新西兰男性农业生产安全事故风险较大［J］．劳动保护，2017（7）：103.

［93］吴家兵，凌瑞杰．铸造作业中职业危害因素与高血压关系的 Logistic 回归分析［J］．中国厂矿医学，2008（6）：764-765.

［94］吴军，林睿婷，江田汉，等．我国生产安全事故系统性风险研究：基于 ARDL 模型［J］．中国安全生产科学技术，2020（12）：50-55.

［95］吴伟．政府安全管制有效吗？——基于 2002-2009 年省级面板数据的实证分析［J］．科学决策，2015（9）：1-14.

［96］夏昭林，吴庆民，朱靳良，等．某经济开发区建筑业 1991—1997 年工伤死亡调查分析［J］．工业卫生与职业病，2000（3）：137-140.

［97］谢丹青，刘平．大数据在工伤保险中的应用与发展构想——以贵州省为例［J］．中国医疗保险，2018（1）：56-58.

［98］谢晶，杨莉，白梅．某钢铁企业非致死性职业伤害的影响因素分析［J］．华南预防医学，2009（6）：32-35.

［99］谢英晖．从英日美工亡事故统计看其管理精髓［J］．劳动保护，2016（7）：106-108.

［100］徐光兴，李丽萍，刘凤英，等．煤矿工人肌肉骨骼损伤与社会心理因素关系的研究［J］．中华劳动卫生职业病杂志，2012（6）：436-438.

［101］徐鑫．我国建筑业农民工职业安全与健康保障研究：以镇江为例［D］．镇江：江苏大学，2012.

［102］许缃．建筑业工伤流行病学研究进展［J］．环境与职业医学，2002（3）：177-179.

［103］颜峻．生产安全事故宏观发展态势的计量经济学研究［J］．数学的实践与认识，2017（2）：1-6.

［104］杨辉，许建强．煤矿井下工伤事故危险因素的 Logistic 回归分析［J］．中国工业医学杂志，2016（5）：377-379.

［105］杨乃莲．对改进我国生产安全事故统计工作的思考［J］．中国安全生产科学技术，2011（7）：159-162.

［106］杨少泉，张秀美，胡秀云，等．某矿业集团 35 年工伤事故发生时间分布规律的调查［J］．中华流行病学杂志，2003（6）：461.

［107］杨旭丽，方菁．工伤事故流行病学调查研究概况［J］．中国社区医学，2008（1）：22-24.

［108］姚有利，秦跃平，于海春．煤矿安全状况随社会经济发展演化规律研究［J］．中国安全科学学报，2009（7）：52.

［109］姚有利．安全生产与经济社会发展关系理论研究［J］. 安全与环境学报，2009（6）：159-163.

［110］叶庆强．东莞市大朗镇工人职业伤害的流行病学调查研究［D］．长春：吉林大学，2007.

［111］张弘炎．供应室护士发生意外职业伤害的危险因素分析［J］．社区医学杂志，2017（1）：46-48.

［112］张宏波．国际工伤事故统计介绍［J］．劳动保护，2014（8）：114-115.

［113］张同顺，李新，郭斌．某煤矿354例工伤的调查分析［J］．工业卫生与职业病，2008（4）：231-232.

［114］张兴凯，任智刚，曾明荣，等．我国《国民经济和社会发展第十三个五年规划纲要》对安全生产战略影响量化分析［J］．中国安全生产科学技术，2016（7）：5-9.

［115］赵建良，朱培绪，汤永生．建筑行业从业人员伤亡事故流行病学调查［J］．中国卫生工程学，2004（3）：18-23.

［116］赵宁刚．工作前安全分析在化工企业的应用探讨［J］．化工安全与环境，2012（21）：9-11.

［117］郑雷，宋晓琴，王增珍．建筑业男性农民工职业伤害现况及危险因素分析［J］．中华劳动卫生职业病杂志，2010（6）：436-438.

［118］郑明治，张卿邦，胡役兰．建筑施工现场民工职业伤害的现状调查［J］．中国急救复苏与灾害医学杂志，2012（5）：410-412.

［119］郑社教．海因里希事故金字塔模型探究［J］．电力安全技术，2018（10）：22-25.

［120］周慧文，刘辉．我国职业伤害风险水平评估与分析研究：基于工伤保险数据［J］．中国劳动，2018（3）：28-33.

［121］周建新，任智刚，刘功智．我国生产安全事故伤亡比率分析［J］．中国安全生产科学技术，2008（2）：22-25.

［122］朱靳良，傅华，方国富．耐火材料企业非致死性工伤危险因素的Logistic回归分析［J］．职业卫生与应急救援，1996（4）：13.

［123］朱敬蕊．某三级甲等医院医务人员锐器伤现状及影响因素研究［D］．济南：山东大学，2015.

［124］朱月潜，蔡翔，程金霞，等．职业伤害的社会经济影响因素研究［J］．职业卫生与应急救援，2006（2）：60-63.

［125］祝启虎，王秉，杜建华．循证安全管理在煤矿瓦斯爆炸事故中的应用

[J]．煤矿安全，2021（1）：242-246.

[126] 祝寿嵩，张世玲，相延龄，等．上海铁路局1954—1985年职工工伤流行病学调查［J］．铁道医学，1989（3）：19-22+69.

[127] 祖爱华，赖洪飘，莫民帅，等．三氯乙烯作业工人潜在职业伤害的社会因素分析［J］．中国社会医学杂志，2012（3）：181-183.

[128] Abate L，Argaw A，Tadesse G，et al. A survey of work-related injuries among building construction workers in southwestern Ethiopia［J］. International Journal of Industrial Ergonomics，2018（68）：57-64.

[129] Anselin L. Spatial econometrics：Methods and models［M］. New York：Springer Science & Business Media，1988.

[130] Antonio G，Iunes R F，Savedoff W D. Occupational risks in Latin America and the Caribbean：Economic and health dimensions［J］. Health Policy Plan，2002（3）：235-246.

[131] Antonio，Giuffrida，Roberto F.，et al. Occupational risks in Latin America and the Caribbean：Economic and health dimensions.［J］. Health policy and planning，2002（17）：235-246.

[132] Asfaw A，Pana-Cryan R，Roger R. The business cycle and the incidence of workplace injuries：Evidence from the U. S. A［J］. Journal of Safety Research，2011（1）：1-8.

[133] Bađun M. Costs of occupational injuries and illnesses in Croatia［J］. Archives of Industrial Hygiene and Toxicology，2017（1）：66-73.

[134] Barach P，Small SD. Reporting and preventing medical mishaps：Lessons from non-medical near miss reporting systems［J］. British Medical Journal. 2000，320（7237）：759-763.

[135] Barth A，Winker R，Ponocny-Seliger E，et al. Economic growth and the incidence of occupational injuries in Austria［J］. Wiener Klinische Wochenschrift，2007（5-6）：158-163.

[136] Bartley M，Fagin L. Hospital admissions before and after shipyard closure［J］. British Medical Journal，1989（3）：1467-1468.

[137] Bell J L，Helmkamp J C. Non-fatal injuries in the west Virginia logging industry：Using workers' compensation claims to assess risk from 1995 through 2001［J］. American Journal of Industrial Medicine，2010（5）：502-509.

[138] Bellamy L J. Exploring the relationship between major hazard, fatal and non-fatal accidents through outcomes and causes [J]. Safety Science, 2015 (71): 93-103.

[139] Benavides F G, Benach J, Muntaner C, et al. Associations between temporary employment and occupational injury: What are the mechanisms? [J]. Occupational and Environmental Medicine, 2006 (6): 416-421.

[140] Berecki-Gisolf J, Smith P M, Collie A, et al. Gender differences in occupational injury incidence [J]. American Journal of Industrial Medicine, 2015 (3): 299-307.

[141] Bhushan A, Leigh J P. National trends in occupational injuries before and after 1992 and predictors of workers' compensation costs [J]. Public Health Reports, 2011 (5): 625-634.

[142] Bird F E, Germain G L. Practical loss control leadership [M]. Loganville, GA: International Loss Control Institute, 1996.

[143] Boden L I, Ozonoff, A. Capture-recapture estimates of nonfatal workplace injuries and illnesses [J]. Annals of Epidemiology, 2008 (6): 500-506.

[144] Bookman J A. Describing agricultural injury in Ohio using the Ohio Bureau of workers' compensation database [M]. Columbus, OH: Ohio State University, 2012.

[145] Bourguignon, F. Decomposable income inequality measures [J]. Econometrica, 1979 (4): 901-920.

[146] Boyle D, Parker D, Larson C, et al. Nature, incidence, and cause of work-related amputations in Minnesota [J]. American Journal of Industrial Medicine, 2000 (5): 542-550.

[147] Brooks B. Shifting the focus of strategic occupational injury prevention: Mining free-text, workers compensation claims data [J]. Safety Science, 2008 (1): 1-21.

[148] Bukhtiyarov I V, Izmerov N F, Tikhonova G I, et al. Occupational injuries as a criterion of professional risk [J]. Studies on Russian Economic Development, 2017 (5): 568-574.

[149] Butler R J, Durbin D L, Helvacian N M. Increasing claims for soft tissue injuries in workers' compensation: Cost shifting and moral hazard [J]. Journal of

Risk and Uncertainty, 1996 (13): 73-87.

[150] Byrd J, Gailey N J, Probst T M, et al. Explaining the job insecurity-safety link in the public transportation industry: The mediating role of safety-production conflict [J] . Safety Science, 2018 (106): 255-262.

[151] Campolieti M, Hyatt D E. Further evidence on the "monday effect" in workers' compensation [J] . Industrial and Labor Relations Review, 2006 (3): 438-450.

[152] Card D, McCall B P. Is workers' compensation covering uninsured medical cost? Evidence from the "monday effect" [J] . Industrial and Labor Relations Review 1996 (4): 690-706.

[153] Carter M N. The development and evaluation of accident prevention routines: A case study [J] . Journal of Safety Research, 1985 (2): 73-82.

[154] Caruso C, Bushnell T, Eggerth D, et al. Long working hours, safety, and health: Toward a national research agenda [J] . American Journal of Industrial Medicine, 2006 (49): 930-942.

[155] Cepic Z, Lazendic T, Bibic D. Analysis of causes of serious and fatal occupational injuries in the Republic of Serbia for the period from 2016 to 2018 [J] . Annals of Faculty Engineering Hunedoara-International Journal of Engineering, 2020 (1): 59-62.

[156] Chi S. , Han S. Analyses of systems theory for construction accident prevention with specific reference to OSHA accident reports [J] . International Journal of Project Management, 2013, 31 (7): 1027-1041.

[157] Choi B C, Levitsky M, Lloyd R D, et al. Patterns and risk factors for sprains and strain in Ontario, Canada 1990: An analysis of the workplace health and safety agency data base [J] . Journal of Occupational and Environmental Medicine, 1996 (4): 379-389.

[158] Choi S D, Guo L, Kim J, et al. Comparison of fatal occupational injuries in construction industry in the United States, South Korea, and China [J] . International Journal of Industrial Ergonomics, 2019 (71): 64-74.

[159] Christian M S, Bradley J C, Wallace J C, et al. Workplace safety: A meta-analysis of the roles of person and situation factors [J] . Journal of Applied Psychology, 2009 (5): 1103-1127.

[160] Coelho D A. Social, Cultural and working conditions determinants of fatal and non-fatal occupational accidents in Europe [J]. Sigurnost, 2020 (3): 217-237.

[161] Cohen M A, Clark R E, Silverstein B, et al. Work-related deaths in washington state, 1998-2002 [J]. Journal of Safety Research, 2006 (3): 307-319.

[162] Cohen R, Frederick M, Roisman R, et al. Evaluation of a workers' compensation electronic database for tracking work-related musculoskeletal disorders (MSDs) among hotel housekeepers-California, 2006-2009 [C]. California: 2013 Council of State and Territorial Epidemiologists Annual Conference, 2013.

[163] Coleman P J, Kerkering J C. Measuring mining safety with injury statistics: Lost workdays as indicators of risk [J]. Journal of Safety Research, 2007 (5): 523-533.

[164] Concha-Barrientos M, Nelson D, Driscoll T, et al. Selected occupational risk factors [C] // Ezzati M, Lopez A, Rodgers A, Murray C. Comparative quantification of health risks: Global and regional burden of disease attributable to selected major risk factors. Geneva: World Health Organization, 2004.

[165] Concha-Barrientos M, Nelson D, Fingerhut M, et al. The global burden due to occupational injury [J]. American Journal of Industrial Medicine, 2005 (48): 470-481.

[166] Cordeiro R., Sakate M., Clemente A. P., et al. Underreporting of non-fatal work-related injuries in Brazil [J]. Revista De Saúde Pública, 2005, 39 (2): 254.

[167] Craig Z, Sprince N L, James R, et al. Occupational injuries: Comparing the rates of male and female postal workers [J]. American Journal of Epidemiology, 1993 (1): 46.

[168] David F. Utterback, Teresa M. Schnorr, Barbara A. Silverstein, et al. Occupational health and safety surveillance and research using workers' compensation data [J]. Journal of Occupational & Environmental Medicine, 2012, 54 (2): 171-176.

[169] Dong X, Platner J W. Occupational fatalities of hispanic construction workers from 1992 to 2000 [J]. American Journal of Industrial Medicine, 2004 (45): 45-54.

[170] Douphrate D I, Rosecrance J C, Reynolds S J, et al. Tractor-related injuries: An analysis of workers' compensation data [J]. Journal of Agromedicine, 2009 (2): 198-205.

[171] Douphrate D I, Rosecrance J C, Stallones L, et al. Livestock-handling injuries in agriculture: An analysis of colorado workers' compensation data [J]. American Journal of Industrial Medicine, 2010 (5): 391-407.

[172] Douphrate D I, Rosecrance J C, Wahl G. Workers' compensation experience of colorado agriculture workers, 2000-2004 [J]. American Journal of Industrial Medicine, 2010 (11): 900-910.

[173] Driscoll T, Mannetje A, Dryson E, et al. The burden of occupational disease and injury in new zealand [M]. Wellington: NOHSAC, 2004.

[174] Driscoll T, Mitchell R, Mandryk J, et al. Work-related fatalities in Australia, 1989 to 1992: An overview [J]. Journal of Occupational Health and Safety-Australia and New Zealand, 2001 (17): 45-66.

[175] Driscoll T, Nelson D, Steenland K, et al. The global burden of disease due to occupational carcinogens [J]. American Journal of Industrial Medicine, 2005 (48): 419-431.

[176] Driscoll T, Nelson D, Steenland K, et al. The global burden of non-malignant respiratory diseases due to occupational airborne exposures [J]. American Journal of Industrial Medicine, 2005 (48): 432-445.

[177] Driscoll T, Takala J, Steenland K, et al. Review of estimates of the global burden of injury and illness due to occupational exposures [J]. American Journal of Industrial Medicine, 2005 (48): 491-502.

[178] Ebba W, Finn G, Johan L. Fatal occupational injuries in Norway: surveillance data are biassed and underestimated risk [J]. Safety Injury Prevention, 2016 (2): A172-A173.

[179] Ehnes M H. Improvement of national reporting, data collection and analysis of occupational accidents and diseases [M]. Cambridge: Cambridge University Press, 2012.

[180] Enders L J, Walker W C. Poster 63: Work-related low back injuries: An analysis of workers' compensation claims in Virginia [J]. Archives of Physical Medicine and Rehabilitation, 2003 (9): E16.

[181] Erika E S, Deborah B D. Agricultural Fatalities in New York State from 2009-2018: Trends from the past decade gathered from media reports [J]. Journal of Agromedicine, 2020 (2): 1-8.

[182] Eurostat. Accidents at work statistics [M]. Luxembourg: Office for Official Publications of the European Communities, 2016.

[183] Ezzati M, Lopez A, Rodgers A, et al. Comparative risk assessment collaborating group. Selected major risk factors and global and regional burden of disease [J]. The Lancet, 2002 (360): 1347-1960.

[184] Feyer A M, Langley J, Howard M, et al. The work-related fatal injury study: Numbers, rates and trends of work-related fatal injuries in New Zealand 1985-1994 [J]. New Zealand Medical Journal, 2001 (114): 6-10.

[185] Freeland R. Statistical analysis of discrete time series with application to the analysis of workers' compensation claims data [D]. Vancouver: University of British Columbia, 1998.

[186] Freeman K, Lafleur B J, Booth J, et al. An actuarial method for estimating the long-term, incidence-based costs of Navy civilian occupational injuries and illnesses [J]. Journal of Safety Research, 2001 (3): 289-297.

[187] Friedman L S, Ruestow P, Forst L. Analysis of ethnic disparities in workers' compensation claims using data linkage [J]. Journal of Occupational and Environmental Medicine, 2012 (10): 1246-1252.

[188] Gammon T. Reflections on Fatal occupational injury rates in the U. S. vs. importing countries [J]. Professional Safety, 2020 (1): 39-46.

[189] Geller E S. The psychology of safety handbook [M]. Florida: CRC Press, 2016.

[190] Gerdtham U G, Ruhm C J. Deaths rise in good economic times: Evidence from the OECD [J]. Economics and Human Biology, 2006 (4): 298-316.

[191] Glazner J E, Borgerding J, Lowery J T, et al. Construction injury rates may exceed national estimates: Evidence from the construction of Denver International Airport [J]. American Journal of Industrial Medicine, 1998 (34): 105-112.

[192] Hamet P, Tremblay, J. Genetic determinants of the stress response in cardiovascular disease [J]. Metabolism, 2002 (51): 15-24.

[193] Hansen B E. Inference when a nuisance parameter is not identified under

the null hypothesis [J] . Econometrica, 1996 (2): 413-430.

[194] Hansen B E. Threshold effects in non-dynamic panels: Estimation, testing, and inference [J] . Journal of econometrics, 1999 (2): 345-368.

[195] Heinrich H W, Petersen D C, Roos N R, et al. Industrial accident prevention: A safety management approach [M] . New York: McGraw-Hill Book Company, 1980.

[196] Heinrich H W. Industrial accident prevention. A scientific approach [M] . New York & London: MeGraw-Hill Book Company, 1931.

[197] Helen R. Marucci-Wellmana, Helen L. Cornsa, Mark R. Lehtob. Classifying injury narratives of large administrative databases for surveillance—A practical approach combining machine learning ensembles and human review [J] . Accident Analysis and Prevention, 2017 (98): 359-371.

[198] Hollnagel E. safety-I and safety-II: The past and future of safety management [M] . Farnham: Ashgate, 2014.

[199] Horwitz I B, Arvey R D. Workers' compensation claims from latex glove use: A longitudinal analysis of Minnesota data from 1988 to 1997 [J] . Journal of Occupational and Environmental Medicine, 2000 (42): 932-938.

[200] Horwitz I B, Mccall B P, Feldman S R, et al. Surveillance and assessment of occupational dermatitis using Rhode Island workers' compensation data 1998 to 2002 [J] . Journal of the American Academy of Dermatology, 2006 (2): 361-363.

[201] Horwitz I B, Mccall B P. An epidemiological and risk analysis of Virginia Workers? compensation burn claims 1999 to 2002: Identifying and prioritizing preventive workplace interventions [J] . Journal of Occupational and Environmental Medicine, 2008 (12): 1376-1385.

[202] Horwitz I B, Mccall B P. Disabling and fatal occupational claim rates, risks, and costs in the Oregon construction industry 1990-1997 [J] . Journal of Occupational and Environmental Hygiene, 2004 (10): 688-698.

[203] Horwitz I B, Mccall B P. The impact of shift work on the risk and severity of injuries for hospital employees [J] . Occupational Medicine, 2005 (8): 556-563.

[204] Horwitz I B. An analysis of occupational burn injuries in Rhode Island: workers? compensation claims, 1998 to 2002 [J] . Journal of Burn Care and Rehabilitation, 2005 (6): 505.

[205] Hämäläinen P, Saarela K L, Takala, J. Global trend according to estimated number of occupational accidents and fatal work-related diseases at region and country level [J] . Journal of Safety Research, 2009 (2): 125-139.

[206] Hämäläinen P, Takala J, Hellsten A, et al. Global estimates of occupational accidents and work-related diseases [M] . Tampere: ILO, 2004.

[207] Hämäläinen P, Takala J, Saarela K L. Global estimates of fatal work-related diseases [J] . American Journal of Industrial Medicine, 2007 (50): 28-41.

[208] Hämäläinen P, Takala J, Saarela K L. Global estimates of occupational accidents [J] . Safety Science, 2006 (44): 137-156.

[209] Hämäläinen P, Takala J, Tan B K. Global estimates of occupational accidents and work-related illnesses 2017 [EB/OL] . WSH Institute, Ministry of Manpower, ICOH et al. 2017. https: //goo. gl/2hxF8x.

[210] Hämäläinen, P. The effect of globalization on occupational accidents [J] . Safety Science, 2009 (6): 733-742.

[211] Islam S S, Biswas R S, Nambiar A M, et al. Incidence and risk of work-related fracture injuries: Experience of a state-managed workers' compensation system [J] . Journal of Occupational and Environmental Medicine, 2001 (2): 140-146.

[212] Islam S S, Velilla A M, Doyle E J, et al. Gender differences in work-related injury/illness: Analysis of workers compensation claims [J] . American Journal of Industrial Medicine, 2001 (1): 84-91.

[213] Issa S F, Cheng Y H, Field W E. Summary of agricultural confined-space related cases: 1964-2013 [J] . Journal of Agricultural Safety and Health, 2016 (1): 33-45.

[214] Issa S F, Field W E, Hamm K E, et al. Summarization of injury and fatality factors involving children and youth in grain storage and handling incidents [J] . Journal of Agricultural Safety and Health, 2016 (1): 13-32.

[215] Jackson R, Beckman J, Frederick M, et al. Rates of carpal tunnel syndrome in a state workers' compensation information system, by industry and occupation-California, 2007-2014 [J] . Morbidity and Mortality Weekly Report, 2018 (39): 1094-1097.

[216] Jensen O C. Non-fatal occupational fall and slip injuries among commercial fishermen analyzed by use of the NOMESCO injury registration system [J] . American

Journal of Industrial Medicine, 2010 (6): 637-644.

[217] Jones J R, Hodgson J T, Webster S. Follow-up and assessment of self-reports of work-related illness in the Labour Force Survey [R] . 2013.

[218] Kaufman J D, Cohen M A, Sama S R, et al. Occupational skin diseases in washington state, 1989 through 1993: Using workers' compensation data to identify cutaneous hazards [J] . American Journal of Public Health, 1998 (7): 1047-1051.

[219] Khanzode V V, Maiti J, Ray P K. Occupational injury and accident research: A comprehensive review [J] . Safety Science, 2012 (5): 1355-1367.

[220] Kines P, Spangenberg S, Dyreborg J. Prioritizing occupational injury prevention in the construction industry: Injury severity or absence? [J] . Journal of Safety Research, 2007 (1): 53-58.

[221] Laing J, Redmond J J, Fiore M, et al. Collecting union status for the census of fatal occupational injuries: A massachusetts case study [J] . Monthly Labor Review, 2019 (2): 1-19.

[222] Landsteiner A M, McGovern P M, Alexander B H, et al. Incidence rates and trend of serious farm-related injury in Minnesota, 2000-2011 [J] . Agromed, 2015 (4): 419-426.

[223] Langmuir A D. William Farr: Founder of modern concepts of surveillance [J] . International Journal of Epidemiology, 1976 (1): 13-18.

[224] Lasee C R, Reeb-Whitaker C K. Work-related asthma surveillance in Washington State: Time trends, industry rates, and workers' compensation costs, 2002-2016 [J] . Journal of Asthma, 2019 (4): 1-10.

[225] Lebeau M, Duguay P, Boucher A. Costs of occupational injuries and diseases in québec [J] . Journal of Safety Research, 2014 (9): 89-98.

[226] Leeth J D. OSHA's role in promoting occupational safety and health [J] . Foundations and Trends in Microeconomics, 2011 (4): 267-353.

[227] Leigh J P, Du J, McCurdy S A. An estimate of the U. S. government's undercount of nonfatal occupational injuries and illnesses in agriculture [J] . Annals of Epidemiology, 2014 (4): 254-259.

[228] Leigh J P, Du J, Mccurdy S A. An estimate of the U. S. government's undercount of nonfatal occupational injuries and illnesses in agriculture [J] . Annals of Epidemiology, 2014 (4): 254-259.

[229] Leigh J P, Marcin J P, Miller T R, et al. An estimate of the U. S. government' s undercount of nonfatal occupational injuries [J]. Journal of Occupational and Environmental Medicine, 2004 (46): 10-18.

[230] Leigh J P, Markowitz S B, Fahs M, et al. Occupational injury and illness in the United States-Estimates of costs, morbidity, and mortality [J]. Archives International Medicine, 1997 (157): 1557-1568.

[231] Leigh J, Macaskill P, Corvalan C, et al. Global burden of disease and injury due to occupational factors [M]. Geneva: Office of Global and Integrated Environmental Health, World Health Organization, 1996.

[232] Leigh J, Macaskill P, Kuosma E, et al. Global burden of disease and injury due to occupational factors [J]. Epidemiology, 1999 (10): 626-631.

[233] Libby M, Steve W, Taylor S. Workers' compensation insurer risk control systems: Opportunities for public health collaborations [J]. Journal of Safety Research, 2018 (9): 141-150.

[234] Lilley R, Mcnoe B, Davie G, et al. Identifying opportunities to prevent work-related fatal injury in New Zealand using 40 years of coronial records: Protocol for a retrospective case review study [J]. Injury Epidemiology, 2019 (1): 16.

[235] Lim S S, Yoon J H, Rhie J, et al. The relationship between free press and under-reporting of non-fatal occupational injuries with data from representative national indicators, 2015: Focusing on the lethality rate of occupational injuries among 39 Countries [J]. International Journal of Environmental Research and Public Health, 2018 (12): 17-32.

[236] Liu T, Zhong M, Xing J. Industrial accidents: Challenges for China' s economic and social development [J]. Safety Science, 2005 (43): 503-522.

[237] Lombardi D A, Matz S, Brennan M J, et al. Etiology of work-related electrical injuries: A narrative analysis of workers' compensation claims [J]. Journal of Occupational and Environmental Hygiene, 2009 (10): 612-623.

[238] Łyszczarz, Nojszewska, E. Economic situation and occupational accidents in Poland: 2002-2014 panel data regional study [J]. International Journal of Occupational Medicine and Environmental Health, 2017 (2): 151.

[239] Macaskill P, Driscoll T. National occupational injury statistics: What can the data tell us? [M] // Feyer A-M, Williamson A. Occupational injury: Risk, pre-

vention and intervention, London: Taylor and Francis, 1998.

[240] Manuele F A. Reviewing heinrich: Dislodging two myths from the practice of safety [J] . Professional Safety, 2011 (10): 52-61.

[241] Mccall B P, Horwitz I B, Taylor O. A. , et al. Occupational eye injury and risk reduction: Kentucky workers' compensation claim analysis 1994 - 2003 [J] . Injury Prevention, 2009 (3): 176-182.

[242] Mccall B P, Horwitz I B. An assessment and quantification of the rates, costs, and risk factors of occupational amputations: Analysis of Kentucky workers' compensation claims, 1994 - 2003 [J] . American Journal of Industrial Medicine, 2006 (12): 1031-1038.

[243] Mccall B P, Horwitz I B. Assessment of occupational eye injury risk and severity: An analysis of Rhode Island workers' compensation data 1998 - 2002 [J] . American Journal of Industrial Medicine, 2006 (1): 45-53.

[244] McNoe B, Langley J, Feyer A M. Work-related fatal traffic injuries in New Zealand 1985-1998 [J] . New Zealand Medical Journal, 2005 (1227):1783.

[245] Meyer J D, Muntaner C. Injuries in home health care workers: An analysis of occupational morbidity from a state compensation database [J] . American Journal of Industrial Medicine, 1999 (3): 295-301.

[246] Mikami K. Reading the classic of safety and security society research (No. 1) Heinrich's "Theory of industrial accident prevention" [J] . Safety and Security Society Research, 2011 (1): 87-100.

[247] Missikpode C, Peek-Asa C, Wright B, et al. Characteristics of agricultural and occupational injuries by workers' compensation and other payer sources [J] . American Journal of Industrial Medicine, 2019 (3): 969-977.

[248] Mohammed S. Evaluation of occupational risk factors for nurses and CNAs: Analysis of Florida workers' compensation claims database [J] . Dissertations & Theses-Gradworks, 2013 (4): 77-85.

[249] Morrell S, Kerr C, Driscoll T, et al. Best estimate of the magnitude of mortality due to occupational exposure to hazardous substances [J] . Occupational and Environmental Medicine, 1998 (55): 634-641.

[250] Mujuru P, Singla L, Helmkamp J, et al. Evaluation of the burden of logging injuries using west Virginia workers' compensation claims data from 1996 to 2001

[J] . American Journal of Industrial Medicine, 2006 (12): 1039-1045.

[251] Murphy P L, Sorock G S, Courtney T K, et al. Injury and illness in the American workplace: A comparison of data sources [J] . American Journal of Industrial Medicine, 1996 (2): 130-141.

[252] Murray C, Lopez A. The global burden of disease: A comprehensive assessment of mortality and disability from disease, injuries, and risk factors in 1990 and projected to 2020 [M] . Cambridge: Harvard University Press, 1996.

[253] Nelson D, Concha-Barrientos M, Driscoll T, et al. The global burden of selected occupational diseases and injury risks: Methodology and summary [J] . American Journal of Industrial Medicine, 2005 (48): 400-418.

[254] Nestoriak N, Pierce B. Comparing workers' compensation claims with establishments' responses to the SOII: Comparing elements of the workers' compensation database with data from the survey of occupational injuries and illnesses Is a useful way to determine which types of injuries and illnesses the SOII Is most likely to undercount [J] . Monthly Labor Review, 2009 (132): 17-50.

[255] Nestoriak N, Pierce B. Comparing workers' compensation claims with establishments' responses to the SOII [J] . Monthly Labor Review, 2009 (132): 57-64.

[256] Neuhauser F. M., Mathur A. K., Pines J. Gender, age, and risk of injury in the workplace [C] . Washington, DC: NIOSH, 2013.

[257] New-Aaron M, Semin J, Duysen E G, et al. Comparison of agricultural injuries reported in the media and census of fatal occupational injuries [J] . Journal of Agromedicine, 2019 (3): 1-9.

[258] Nielsen K J, Carstensen O, Rasmussen K. The prevention of occupational injuries in two industrial plants using an incident reporting scheme [J] . Journal of Safety Research, 2006 (5): 479-486.

[259] Nurminen M, Karjalainen A. Epidemioloc estimate of the proportion of fatalities related to occupational fraction in Finland [J] . Scandinavian Journal of Work, Environment and Health, 2001 (27): 161-213.

[260] Oliveri A N, Wang L, Rosenman K D. Assessing the accuracy of the death certificate injury at work box for identifying fatal occupational injuries in Michigan [J] . American Journal of Industrial Medicine, 2020 (63): 527-534.

[261] Onder S. Evaluation of occupational injuries with lost days among opencast

coal mine workers through logistic regression models [J] . Safety Science, 2013 (59): 86-92.

[262] Ooteghem P. Work-related injuries and illnesses in Botswana [J] . International Journal of Occupational and Environmental Health, 2006 (12): 42-51.

[263] Palali A, Jan C, Ours V. Workplace accidents and workplace safety: On under-reporting and temporary jobs [J] . Labour Review of Labour Economics and Industrial Relations, 2017 (1): 1-14.

[264] Park R, Bailer A J, Stayner L, et al. An alternate characterization of hazard in occupational epidemiology: Years of life lost per years worked [J] . American Journal of Industrial Medicine, 2002 (42): 1-10.

[265] Patel K, Watanabe-Galloway S, Rautiainen R, et al. Surveillance of non-fatal agricultural injuries among farm operators in the central states region of the United States [M] . Omaha, NE: University of Nebraska Medical Center, 2016.

[266] Perotti S, Russo M C. Work-related fatal injuries in brescia County (Northern Italy), 1982 to 2015: A forensic analysis [J] . Journal of Forensic and Legal Medicine, 2018 (58): 122-125.

[267] Petar B. Occupational accidents as indicators of inadequate work conditions and work environment [J] . Acta Medica Medianae, 2009 (4): 22-26.

[268] Petitta L, Probst T M, Barbaranelli C. Safety culture, moral disengagement, and accident underreporting [J] . Journal of Business Ethics, 2017 (3): 489-504.

[269] Pransky G, Snyder T, Dembe A, et al. Under-reporting of work-related disorders in the workplace: A case study and review of the literature [J] . Ergonomics, 1999 (1): 171-182.

[270] Probst T M, Barbaranelli C, Petitta L. The relationship between job insecurity and accident under-reporting: A test in two countries [J] . Work and Stress, 2013 (4): 383-402.

[271] Probst T M, Bettac E, Austin C. Accident underreporting in the workplace [M] // Burke R. Richardsen A. Increasing occupational health and safety in workplaces. Cheltenham, UK: Edward Elgar, 2019.

[272] Probst T M, Brubaker T L, Barsotti A. Organizational injury rate under-reporting: An examination of the moderating effect of organizational safety climate

[J] . Journal of Applied Psychology, 2008 (5): 1147-1154.

[273] Probst T M, Estrada A X. Accident under-reporting among employees: Testing the moderating influence of psychological safety climate and supervisor enforcement of safety practices [J] . Accident Analysis and Prevention, 2010 (5): 1438-1444.

[274] Probst T M, Graso M. Pressure to produce=pressure to reduce accident reporting? [J] . Accident Analysis and Prevention, 2013 (59): 580-587.

[275] Probst T M, Graso M. Reporting and investigating accidents: Recognizing the tip of the iceberg [M] // Clarke S, Cooper C, Burke R. Occupational health and safety: Psychological and behavioral challenges. Surrey: Gower, 2011.

[276] Probst T M. Job insecurity and accident underreporting [C] . Dallas: Conference of the Society of Industrial and Organizational Psychology, 2006.

[277] Punnett L, Prüss-Üstün A, Nelson D, et al. Estimating the global burden of low back pain attributable to combined occupational exposures [J] . American Journal of Industrial Medicine, 2005 (48): 459-469.

[278] Quinlan M, Mayhew C, Bohle, P. The global expansion of precarious employment, work disorganization, and consequences for occupational health: A review of recent research [J] . International Journal of Health Services Planning Administration Evaluation, 2001 (2): 335.

[279] Ramaswamy S K, Mosher G A. Using workers' compensation claims data to characterize occupational injuries in the biofuels industry [J] . Safety Science, 2018 (103): 352-360.

[280] Ramin M, Shahdokht S, Farzaneh C, et al. Epidemiology of occupational accidents in Iran based on social security organization database [J] . Iranian Red Crescent Medical Journal, 2014 (1): 1-5.

[281] Riedel S M, Field W E. Summation of the frequency, severity, and primary causative factors associated with injuries and fatalities involving confined spaces in agriculture [J] . Journal of Agricultural Safety and Health, 2013 (2): 83-100.

[282] Rosenman K D, Kalush A, Reilly M J, et al. How much work-related injury and illness is missed by the current national surveillance system? [J] . Journal of Occupational and Environmental Medicine, 2006 (4): 357-365.

[283] Sahl J D, Kelsh M A, Haines K D, et al. Acute work injuries among electric utility linemen [J] . American Journal of Industrial Medicine, 1997 (2):

223-232.

[284] Salim C. 0153 Social Security in Brazil: The impact of epidemiological nexus on the benefits related to occupational diseases [J]. Occupational and Environmental Medicine, 2014 (1): A79-80.

[285] Schwatka, N. V., Butler, L. M., Rosecrance, J. C. Age in relation to worker compensation costs in the construction industry [J]. American Journal of Industrial Medicine, 2013 (3): 356-366.

[286] Sears J M, Blanar L, Bowman S M, et al. Predicting work-related disability and medical cost outcomes: Estimating injury severity scores from workers' compensation data [J]. Journal of Occupational Rehabilitation, 2013 (1): 19-31.

[287] Seligman P J, Halperin W E, Mullan R J, et al. Occupational lead poisoning in Ohio: Surveillance using workers' compensation data [J]. American Journal of Public Health, 1986 (11): 1299-1302.

[288] Shahnavaz, H. Workplace injuries in the developing countries [J]. Ergonomics, 1987 (2): 397-404.

[289] Shorrocks R. The class of additively decomposable inequality measure [J]. Econometrica, 1980 (48): 613-625.

[290] Silaparasetti V, Srinivasarao G, Khan F R. Structural equation modeling analysis using smart PLS to assess the occupational health and safety (OHS) factors on workers' behavior [J]. Social Science Electronic Publishing, 2017 (2): 88-97.

[291] Sinclair R R, Tetrick L E. Pay and benefits: The role of compensation systems in workplace safety [M] // Barling J, Frone M. Psychology of workplace safety. Washington, DC: American Psychological Association, 2004.

[292] Sinks T, Mathias C G T, Halperin W, et al. Surveillance of work related cold injuries using workers' compensation claims [J]. Journal of Occupational Medicine: Official Publication of the Industrial Medical Association, 1987 (6): 504-509.

[293] Smith P, Hogg-Johnson S, Mustard C, et al. Comparing the risk factors associated with serious versus and less serious work-related injuries in Ontario between 1991 and 2006 [J]. American Journal of Industrial Medicine, 2012 (1): 84-91.

[294] Smith R S. Mostly on Monday: Is workers' compensation covering off-the-job injuries? [M]. Dordrecht: Springer, 1990.

[295] Smith, P., Hogg-Johnson, S., Mustard, C., et al. Comparing the

risk factors associated with serious versus and less serious work-related injuries in Ontario between 1991 and 2006 [J]. American Journal of Industrial Medicine, 2012, 55 (1): 84-91.

[296] Song L, He X Q, Li C W. Longitudinal relationship between economic development and occupational accidents in China [J]. Accident Analysis and Prevention, 2011 (8): 82-86.

[297] Sorock G S, Smith E O, Goldft M. Fatal occupational injuries in the New Jersey construction industry, 1983 to 1989 [J]. Journal of Occupational and Environmental Medicine, 1993 (9): 916-921.

[298] Spieler E A, Burton J F. The lack of correspondence between work-related disability and receipt of workers' compensation benefits [J]. American Journal of Industrial Medicine, 2012 (6): 487-505.

[299] Steenland K, Burnett C, Lalich N, et al. Dying for work: The magnitude of US mortality from selected causes of death associated with occupation [J]. American Journal of Industrial Medicine, 2003 (43): 461-482.

[300] Stock S, Nicolakakis N, Hicham R, et al. Underreporting work absences for nontraumatic work-related musculoskeletal disorders to workers' compensation: Results of a 2007-2008 survey of the Quebec working population [J]. American Journal of Public Health, 2014 (3): 94-101.

[301] Stout N A, Jenkins E L, Pizaella T J. Occupational injury mortality rates in the United States: Hanges from 1980-1989 [J]. American Journal of Public Health, 1996 (86): 73-77.

[302] Stout N, Bell C. Effectiveness of source documents for identifying fatal occupational injuries: A synthesis of studies [J]. American Journal of Public Health, 1991 (6): 725-728.

[303] Sutherland V, Makin P J, Cox C. The management of safety: The behavioral approach to changing organizations [M]. London: Sage, 2000.

[304] Sά E, Fernandes, M. 0298Technical epidemiological nexus (NTEP) in Brazil: A critic evaluation after 5 years of its application [J]. Occupational and Environmental Medicine, 2014 (Suppl 1): A103.

[305] Takala J, Hämäläinen P, Saarela K L, et al. Global estimates of the Burden of injury and illness at work 2012 [J]. Journal of Occupational and Environmental

Hygiene, 2012 (11): 326-337.

[306] Takala J. Burden of Injury due to Occupational Exposures [M] //Bültmann U, Siegrist J. Handbook series in occupational health sciences, Berlin: Springer, 2019.

[307] Takala J. Global estimates of fatal occupational accidents [J] . Epidemiology, 1999 (10): 640-646.

[308] Takala J. Indicators of death, disability and disease at work [J] . Asian-Pacific Newsletter on Occupational Health and Safety, 2010 (1): 4-8.

[309] Takala J. Introductory report: Decent work - safe work [C] . Vienna: ILO, 2002.

[310] Takala J. Methodological study on under-reporting of occupational accidents in European Union [R] . 2020.

[311] Tarawneh I, Lampl M, Robins D, et al. Workers' compensation claims for musculoskeletal disorders among Wholesale and Retail Trade industry workers-Ohio, 2005-2009 [J] . Mmwr Morbidity and Mortality Weekly Report, 2013 (22): 437.

[312] Tedone T. Counting injuries and illnesses in the workplace: An international review [J] . Monthly Labor Review, 2017 (9): 1-26.

[313] Thepaksorn P, Pongpanich S. Occupational injuries and illnesses and associated costs in Thailand [J] . Safety and Health at Work, 2014 (2): 66-72.

[314] Utterback D F, Schnorr T M. Use of workers' compensation data for occupational injury and illness prevention [M] . Washington, DC: NIOSH, 2010.

[315] Utterback D F. Schnorr T M, Silverstein B A, et al. Occupational health and safety surveillance and research using workers' compensation data [J] . Journal of Occupational and Environmental Medicine, 2012 (2): 171-176.

[316] Verma A, Das K S, Maiti J, et al. Identifying patterns of safety-related incidents in a steel plant using association rule mining of incident investigation reports [J] . Safety Science, 2014 (70): 89-98.

[317] Vilanilam J V. A historical and socioeconomic analysis of occupational safety and health in India [J] . International Journal of Health Services: Planning, Administration, Evaluation, 1980 (2): 233-249.

[318] Weddle M G. Reporting occupational injuries: The first step [J] . Journal of Safety Research, 1996 (27): 217-223.

[319] Wergeland E, Gjertsen F, Lund J. Fatal occupational injuries underreport-

ed in norway [J] . Injury Prevention, 2010 (1): A140.

[320] Wiatrowski, W J. The BLS survey of occupational injuries and illnesses: A primer [J] . American Journal of Industrial Medicine, 2014 (10): 1085-1089.

[321] Wokutch R E, Mclaughlin J S. The U. S. and Japanese work injury and illness experience [J] . Monthly Labor Review, 1992 (115): 12-17.

[322] Wuellner S E, Adams D A, Bonauto D K, et al. Unreported workers' compensation claims to the BLS Survey of Occupational Injuries and illnesses: Establishment factors [J] . American Journal of Industrial Medicine, 2016 (4): 274-289.

[323] Wuellner S E, Adams D A, Bonauto D K, et al. Workers' compensation claims not reported in the survey of occupational injuries and illnesses: Injury and claim characteristics [J] . American Journal of Industrial Medicine, 2017 (3): 264-275.

[324] Xia Z I, Courtney T K, Sorock G S, et al. Fatal occupational injuries in a new development area in the People's Republic of China [J] . Journal of Occupational and Environmental Medicine, 2000 (42): 917-922.

[325] Yang L, Branscum A, Smit E, et al. Work-related injuries and illnesses and their association with hour of work: Analysis of the Oregon construction industry in the US using workers' compensation accepted disabling claims, 2007-2013 [J] . Journal of Occupational Health, 2020 (1): 1-10.

[326] Yi K H, Lee S S. A policy intervention study to identify high-risk groups to prevent industrial accidents in Republic of Korea [J] . Safety and Health at Work, 2016 (3): 213-217.

[327] Zahm S, Blair A. Occupational cancer among women: Where have we been and where are we going? [J] . American Journal of Industrial Medicine, 2003 (44): 565-575.

[328] Zhou C, Roseman J M. Agricultural injuries among a population-based sample of farm operators in Alabama [J] . American Journal of Industrial Medicine, 1994 (3): 385-402.

[329] ÇOlak O, Palaz S. The relationship between economic development and fatal occupational accidents: Evidence from Turkey [J] . Annals of the Alexandru Ioan Cuza University-Economics, 2017 (1): 19-31.

[330] Åkerstedt T, Knutsson A, Westerholm P, et al. Mental fatigue, work and sleep [J] . Journal of Psychosomatic Research, 2004 (57): 427-433.